CAFÉ PLUS

咖啡馆+

CAFÉ PLUS

咖啡馆+

［希］斯泰利奥斯·考伊斯 (Stelios Kois) ＼ 著

崔巍 ＼ 译

广西师范大学出版社

· 桂林 ·

images
Publishing

目 录

文化咖啡馆

零售咖啡馆

老建筑改造项目

前 言

斯泰利奥斯·考伊斯——考伊斯联合建筑事务所

创新仪式

喝咖啡与不同的仪式和社交习惯有关，甚至与世界各地的社会和艺术运动有关。例如，在希腊喝咖啡与户外活动密切相关；伴随着采集阳光或是在每天的生活规则中享受短暂休息的日常仪式。设计一家新的咖啡馆应该考虑到各种社交和社会学过程，但不要按照与其他现有咖啡馆相同的方式进行设计。任何新的设计都需要与到访者的精神和特质相一致，要考虑任何方面，从人口统计学甚至是到灵性和教育程度。建筑师的责任绝不是创建餐饮区那么简单，而是要打造集会场所和让人们在无聊乏味的生活中暂时停歇的空间。将其建成一个工作场所中的餐厅，员工可在此享受当之无愧的咖啡休息时间，或者像我们这样的博物馆咖啡馆，访客有机会在参观展览的体验之后于一杯咖啡或淡水中汇集思想。

具,可能会更替。当建筑能经受得住时间的时候,它就会达到伟大。我们努力创造的是可与人交流并适应不同环境的鲜活机体,而非一组风景。至于建筑师对细节和细节本身复杂性的痴迷,则是最终成果的强度和复杂性之关键。

重塑过程

在过程方面,作为一个团队,我们避免遵循任何预定的概念,这正是定义我们的东西。每个新项目都需要独一无二,拥有自己的实体和特征。训练有素的眼睛可能会识别出我们设计中常见的一些细节或线条,但对我们来说真正重要的是每次重塑我们的方法。我们的理念与更深刻的概念相一致,这些概念涉及人与人之间的互动,与目前的营销技巧和策略几乎无关。因此,我们认为谈论建筑趋势几乎是错误的,因为从特定的立场看待事物,不可避免地开始了建筑标准化的过程,就像一种矛盾修辞法,由于世界各地的人们有不同的需求和行为属性。建筑的存在本质上取决于人的存在,须能在特定的时间和地点与其周围人的需求同步展现。

作为工作室,我们的任务说明是围绕一直接手具有特定建筑价值的项目这一观念而创作的。就雅典基克拉迪艺术博物馆的基克拉迪咖啡厅和商店而言,这是我们同意设计通常与特定目的相关的公共空间的确切原因。基克拉迪咖啡厅已经成了一个忙碌的场所被那些参观博物馆只是为享受咖啡厅的人们经常光顾。访客在内向空间寻求户外体验,气氛和光线一年四季似乎都在不断变化。所有这些都构成了一个空间的"精细设计",成功地拉住人们不是享用提供的饮料,而是享受这个地点本身。

项目成功的底线由公众的认识和接受所界定如果不包括人的因素,建筑就不能被视为艺术形式。人类生活在其中之时,建筑作品才能被认为是成功的,才能给其注入活力。只有时间和人才能证明一个项目的成功,尤其是当这个项目是咖啡馆(对许多人来说,是社会生活的基础)的时候。

激活情感

建筑应该容易使用,但难以忘记。正如之前所提到的"体验",准确来说它是基于情感的激活。通过材料的正确选择,创作者的目标是激活情感过程。材料与我们的生活、我们的记忆密不可分,它们是将信息传达至到访者的情感领域并进一步向潜意识传递的工具。同样重要的是颜色的选择,可作为创作者和观察者之间的沟通手段。

鉴于一家咖啡馆每年被数百人乃至有望数千人访问,材料的复原性应该是设计过程的另一个组成部分,不仅要考虑到大量的人潮,也要考虑到发生在该空间内的不同行为——从桌面上的咖啡渍和溢出物到家具或地板上的儿童绘画着色。然而,耐久性需要与空间的整体氛围和它所属的更广泛的建筑环境相适应——譬如是将一座老工业大楼变成艺术中心还是高科技企业大厦。同时,我们也不能忽视光的重要性。在许多情况下,光是最重要的设计组成部分以及共同创造者之一:一种创建各种形式的"材料"。

作为设计工作室,我们的理念远不止设计一个与放置在其中的家具相连的空间而已。我们看到更大的图景,并照顾到空间可能带来的更大的体验影响。当然,永恒是一个主要关注的问题:创造出一些维持其特性的东西,即使短暂性组件,如家具、灯具甚至餐

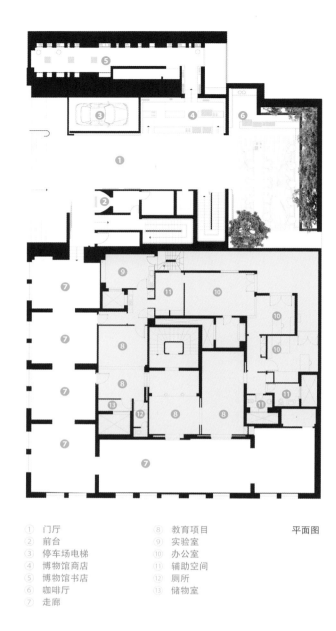

案例研究——基克拉迪咖啡厅和商店

基克拉迪艺术博物馆的建筑之内安置了基克拉泽斯文明的大量收藏品，它是位于雅典市中心突出位置的新古典主义建筑的独特典范。最近获奖公司考伊斯联合建筑事务所重新设计了博物馆的基克拉迪商店和咖啡厅，以契合基克拉泽斯氛围。灵感来自于传统基克拉泽斯艺术形式的简约性，与该建筑的古典特征相融合。基克拉迪艺术博物馆新商店和咖啡厅的修建提议是最新的建筑干预措施，与博物馆的精髓共存。一进入底楼，游客即可在中庭遇见基克拉迪商店和基克拉迪咖啡厅。该布局与古代"露天集市"的自由格局有紧密联系。

基克拉迪商店坐落在内外相对的两个层级上。两个矩形空间垂直连接，第一个是外向性的，第二个则具有强烈的内省特征。第一个区域里，两个平行立方块在垂直平面上延展，形成立体主义景观。空间的开放性诱使访客进一步探查商店里的物品。线性路径在连续的空间中引导访客，暗中促成内省式的漫游。同时，难以形容的效果将材质和形式区分为两面。前一部分由隔断墙来展示，借由壁橱陈列创建规则节律。接下来那部分通过逐步流向天花板的巨大粗糙表面来显现。这些元素的节奏、规模和形态与古基克拉泽斯采石场的整体大理石块和基克拉泽斯建筑特征的"前世记忆"相关。

除基克拉迪商店外，基克拉迪咖啡厅也欢迎访客的到来，它是宁静而充满阳光的都市花园，其特色屋顶帘幕可以过滤阳光，形成微妙的阴影。主色调和所用材料源自基克拉泽斯景观的自然色调和质地。石材、木材、金属和玻璃被用来创造一个参考岛屿氛围的城市绿洲。基克拉迪咖啡厅的光点是白色的顶棚，它折射光线，

基克拉迪岩石　　+　　爱琴海光照　　+　　文化象征　　=　　立面

并将特定的基克拉泽斯气氛强加于空间。考伊斯联合建筑事务所在整个设计过程中受到了来自复原的克罗斯分类词典和更大的大理石舰船与神像之规模、协调和质朴的重大影响和引导。自然光由埃莱夫塞里娅·德库周到的照明设计进一步突出，而大理石长椅和到达中庭天花板的绿墙则是道萨迪亚斯＋团队（阿戈利基·玛西欧达基，建筑师，景观设计师）的作品。

剖面图

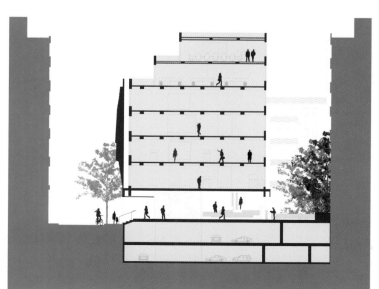

案例赏析

9¾ 咖啡馆和书店

9¾ Bookstore and Café

地点 / 哥伦比亚，麦德林
面积 / 120 平方米
客户 / 9¾ 咖啡馆和书店
设计者 / 普拉斯莫·诺德
竣工时间 / 2015 年
摄影师 / 丹尼尔·梅希亚

9¾ 咖啡馆和书店是个有趣的地方，人们不仅可以来此阅读，还能分享他们对设计（和咖啡）的热情。位于哥伦比亚麦德林的这个空间显然不仅仅是一个现代化的书店和咖啡馆，它旨在鼓励社交。它专门针对儿童，但成年人也可以找到一些乐趣，是一个领会"书籍是变成艺术的材料"的地方。

设计师们相信，城市需要温暖而美好的聚会场所，欢迎并邀请人们与家人、朋友一起学习、玩乐，人们不仅要购买，而且要有好时光。设计师们还认为，享用美味咖啡时产生的绝佳想法与对话能够引发想象、魔力、梦想与回忆。科学技术虽然可以帮助人们进入难以想象的世界，但终究不能取代书籍。

9¾ 咖啡馆和书店的儿童区是小型藏身之处，他们可以在那里绘画、休息、玩耍，同时学习和欣赏一本好书，那是一个鼓励孩子阅读的地方。对于成年人来说，有私用阅览室和共享桌子，都由暖色调的材料、家具和装饰物品所包围，诉说着一个好故事、一本好书给我们带来的喜悦。咖啡是城里最好的，由行家里手调制并从哥伦比亚最好的源头带来。

设计师们尝试使用反映咖啡馆温馨氛围的自然材料。主要材料是天然木材（松木和橡木），几乎遍布商店各处，但总是与钢铁、玻璃、混凝土和天然植被混合使用。每一块木材都来自指定供应商，能确保其来源及森林和自然资源的有效利用。

01 / 儿童阅览室

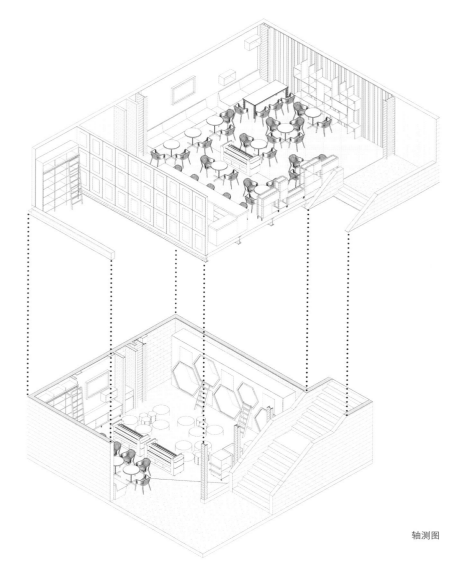

轴测图

02 / 阅览室
03 / 咖啡店
04 / 大厅

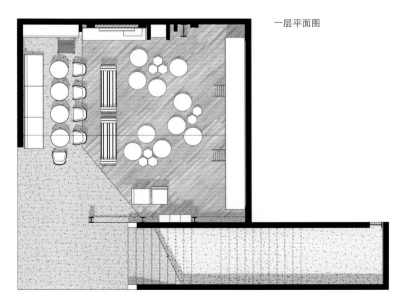

一层平面图

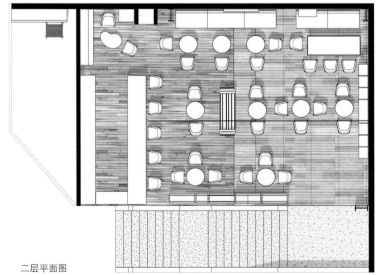

二层平面图

05 / 儿童图书室
06 / 外部书店
07 / 图书室

横切面

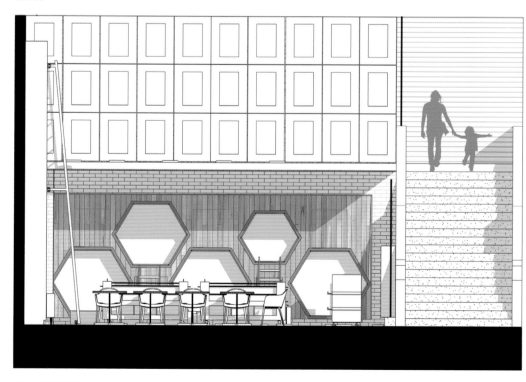

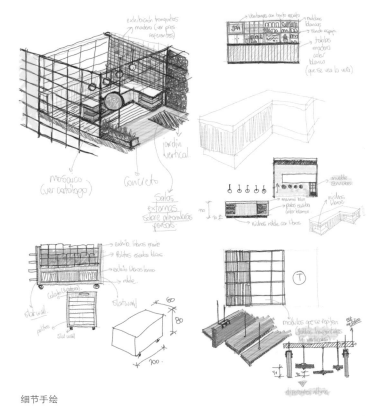

细节手绘

亲吻咖啡馆和酒吧
Baiser Café-Bar

地点 / 希腊, 克桑西
面积 / 120 平方米
客户 / 亲吻咖啡 / 酒吧
设计者 / 米纳斯·科斯米蒂斯 (概念建筑事务所)
竣工时间 / 2016 年
摄影师 / 瓦迪工作室: 瓦乌蒂努蒂斯 - 迪米特里乌

"Baiser", 法语中是 "亲吻" 的意思, 是一家位于希腊北部克桑西市的咖啡馆和酒吧。就规划方案而言, 空间被分配处理, 将所有服务设施 (洗涤室、小厨房和卫生间) 放在后面, 同时将剩余的场地留给酒吧和座位区。业主希望有一个与自助餐厅相比更像别致的通宵酒吧的空间, 所以建筑师们决定设计安置在中央的大高脚桌搭配舒适的软垫凳, 而非使用普通的桌椅。

至于该场所的材料和总体氛围, 建筑师们的目标是在温暖舒适的环境中创建一个豪华别致并带有复古特征的咖啡馆和酒吧。具有相同特征的两个部分已经被放置在空间的两个主轴上。其中一个比另一个更宽敞, 它们形成酒吧区域, 打破空间的连续性, 同时清楚地表明其功用: 主酒吧和香槟鸡尾酒吧。

胡桃木已被用于地板和一些墙壁覆盖物, 形成暖色调的基础材料, 使其余的颜色 / 抛光表面得以浮现。在墙壁的下方, 甚至在一些墙壁的整个高度上, 雕刻有黄铜金属网格, 其中间间隙填满了方形白色大理石块与矩形核桃木和镜子块。相同的网格覆盖了酒吧的垂直构筑结构, 形成了是墙壁一部分的错觉。后部附属空间的墙壁上覆盖着白色大理石板, 为货架上色彩缤纷的酒瓶创造了明亮的中性背景。在酒吧的另一面, 藏蓝色凸印壁纸为整体氛围带来了对比和特色, 也是复古雕花玻璃酒瓶和其他古董元素装饰的货架的理想背景。该空间的主要组成特征是垂直金属板, 带有类似于翼的弧形收束边缘。这些镶板有时被用作隔断, 有时被用作桌台, 覆盖着孔雀翼壁纸以及粉红色的天鹅绒、大理石或镜子。

空间组成的另一种重要材料是黄铜金属, 其已被用于大多数金属构件以及吊灯和家具的打造。此外, 设计师也已注意到选择凳子、椅子的天鹅绒织物的颜色和图案以及创建平衡古雅布景的壁纸。

01 / 公共餐桌一览

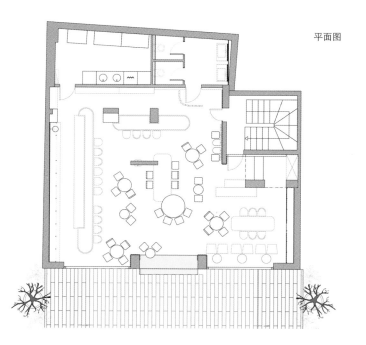

平面图

02

03

02 / 别致复古、舒适惬意的环境
03 / 鸡尾酒吧
04 / 主酒吧

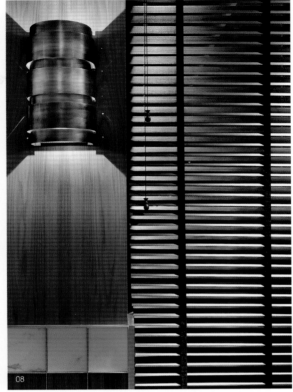

05 / 覆盖黄铜板的唱片调音间
06 / 后部空间一览
07 / 墙边独立隔板
08 / 灯具细节
09 / 卫生间

理发店咖啡馆与梳洗工作室

Barkbershop Jakarta

地点 / 印度尼西亚，西雅加达，普里
面积 / 55 平方米
设计者 / 爱沃尼尔建筑事务所
竣工时间 / 2016 年
摄影师 / 布鲁普林

该项目灵感来自现代简约而时尚的咖啡店，具有浓厚的艺术室内设计气息，同时为客人及其宠物狗打造了家一般舒适的玩耍乐园。

此店是位于雅加达的一家宠物梳洗工作室兼咖啡馆，给客人提供了一处凉爽的闲逛放松之地，并为人们和他们心爱的宠物狗建立了情感纽带，可以在喝咖啡的同时等待他们的爱宠接受刷洗梳毛服务。品牌特征是年轻、现代和动感，代表了人类及其爱宠的快乐和正能量。

设计团队创造了一个明亮、新鲜、有趣的室内环境，在这里宠物和人类友好共处，一楼是咖啡馆，二楼是梳洗工作室。正前入口处零售展示空间的大型悬吊屋顶式天花板呈现出温馨宜人的氛围，让客人及其宠物狗感觉像家一样。客户希望为狗和狗主人提供互动空间。由于留了很多干净无阻的地方给宠物撒欢，故而陈设附在了墙壁和吧台后面。简单、多彩、整洁、木质的货架围绕着所有内墙。咖啡馆地板单调的灰色使其看起来很干净。吧台区得意地展示着几个可爱的配件，而后墙上的菜单与黑板和简朴的桌子一道平添了光亮和趣味。

一楼咖啡馆墙上的艺术绘画描绘了狗和狗主人之间的快乐时刻，成为一楼主要的"吸引力中心"，而二楼保持了其作为宠物狗梳洗工作室的功能，墙上的大镜子使自然光最大限度地照进室内，并在宠物美容师给狗梳洗时最大限度地提供辅助。

01 / 主入口开放式吧台区
02 / 墙壁上的艺术手绘

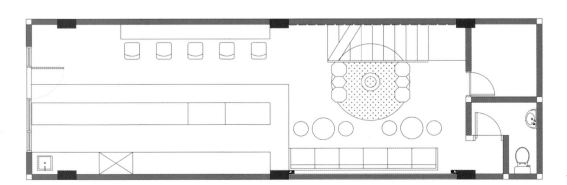

平面图

03 / 座椅（矮凳、高脚凳和长椅）的组合
04 / 墙壁一侧的高桌凳
05 / 墙壁上的艺术手绘
06 / 梳洗室里明亮的色彩和镜子

雀跃咖啡馆
Capriole Café

地点 / 荷兰, 海牙
面积 / 317 平方米
竣工时间 / 2016 年
设计者 / 芙莱建筑事务所
客户 / 雀跃咖啡服务公司
摄影师 / 勒内·范栋恩、帕斯卡尔·斯特利波尔

总部设在阿姆斯特丹的建筑工作室芙莱建筑事务所已经将海牙的一家前油漆工厂改造成了咖啡馆、餐厅和商务中心，具有完全的钢筋元素，相互连接，引人注目。

名为雀跃咖啡馆的这家餐厅和咖啡体验店是即将到来的海牙工业区"宾科豪斯特"中首批服务接待概念店之一，此地将在未来 10 年发展成为住宅和商业区。这栋建筑物原有的小窗被 5 米高的钢窗框架所取代，门向内打开，通向咖啡馆前面的露台和游艇码头。

这家咖啡馆设计的主要目标是创造"咖啡"制作和消费的各个方面的完整体验。底层是咖啡烘焙间、咖啡厅和餐厅，二层包含咖啡师培训中心、展厅、办公室和雀跃咖啡服务公司的会议室。通过采用带有 4、5 米高钢梁元素的中空结构，两个楼层从视觉上与会议室连接了起来，就像"灯笼"俯瞰监视着餐厅。

预制的互连桁梁完全由重型结构钢梁组成，并架构楼下的烘焙间和楼上的咖啡师培训中心。此外，包含雀跃标志的入口部分、卫生间和衣柜也完全由钢构成。

与黑白内饰形成鲜明对比的是，设计者在所有桌子和橱柜的设计中采用了橡木和黄铜。中空部分吊灯和展示公司未来高端咖啡机的底座也由芙莱建筑事务所定制。

01 / 4、5 米高钢梁前视

轴测图

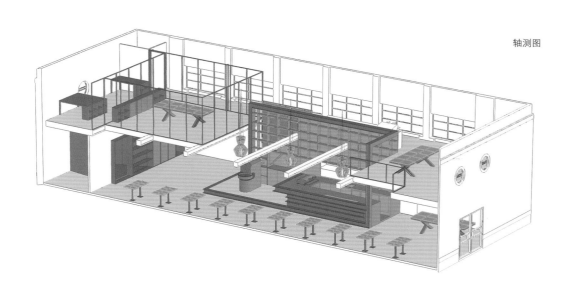

04

02 / 入口
03 / 4.5 米高钢梁吧台和餐厅区一览
04 / 设有定制设计会议桌的会议室

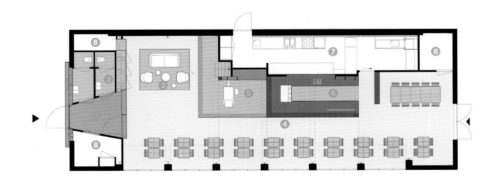

① 入口
② 卫生间
③ 休息厅
④ 咖啡厅 / 餐厅
⑤ 咖啡机
⑥ 吧台
⑦ 厨房
⑧ 仓储间
⑨ 培训中心
⑩ 展销厅
⑪ 会议室
⑫ 办公室
⑬ 设备间

平面图

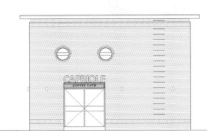

后立面

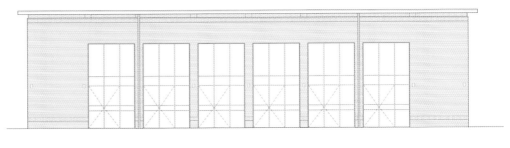

前立面

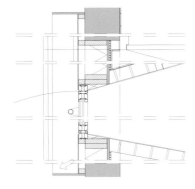

入口水平细节

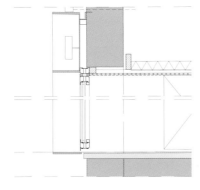

入口垂直细节

05 / 餐厅区、咖啡机和钢梁一览
06 / 会议室、餐厅区和定制设计吊灯一览
07 / 定制设计吊灯

05

布达佩斯"咖府"

Coffice Budapest

地点 / 匈牙利、布达佩斯
面积 / 130 平方米
设计者 / 加斯帕·邦塔设计团队
竣工时间 / 2016 年
摄影师 / 巴林特·亚克沙

"跨界"是当今的热点。布达佩斯的新"咖府"咖啡馆是这一现象的完美结果——融合了联合办公室和咖啡馆。其核心理念是提供一个悠闲的咖啡店、会议室、分开的工作区、光电效果的经销店和酒吧的智能组合。这个理念是基于以下事实提出的：在灵活工作时间、初创公司和互联网业务的时代，许多人倾向于置身咖啡馆来完成工作、会议或商务谈判。

"咖府"被设计用以满足所有可能的工作或学习之需。楼下是特色咖啡店，桌子完全分开，适合工作；楼上是更轻松的"办公区"，有玻璃会议室，用于打电话的隔音厢和两个较小的适合讲演展示的房间，可与投影仪兼容。每个功能出现在一天的不同时间，随着用户所需空间的大小和开放度不断变化，它们需要展现不同的氛围。此外还有着衔接连续性，既能让白天学习、工作或喝咖啡的人感到某种舒适，也会使晚上喝鸡尾酒的人有另一种选择体验。

作为"跨界"概念的产物，"咖府"的风格很难形容。具体来说，它是由各种元素联系在一起的，从办公室和咖啡馆的当代室内设计，原材料的工业解决方案，到轻快俏皮的几何图案。最有趣的一件事是吧台后面的照明，它是一面智能手机控制的变色墙：白天是红色的，据说是激励工作。不同的或"开放"或"封闭"的空间布局以及照明系统的微调能力，都使得"咖府"成为一个开明易变的地方，可以完美适应用户不断变化的需求，让它成为一处可爱舒适之所。

01 / 入口
02 / 咖啡与酒水饮用区 1

01

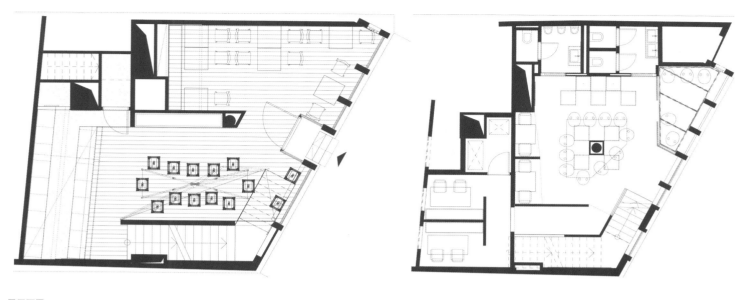

一层平面图   二层平面图

03

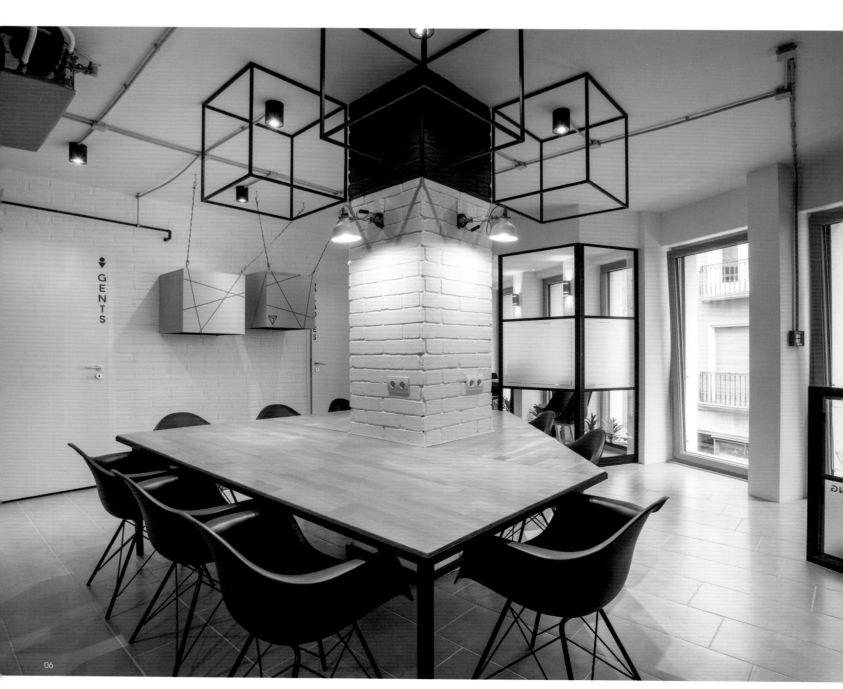

06 / 共享办公空间
07 / 头脑风暴室
08 / 夜间咖啡吧
09 / 灯光中的大厅
10 / 标识

克鲁办公室和咖啡馆
Crew Offices and Café

地点 / 加拿大，魁北克，蒙特利尔
面积 / 1115 平方米
设计者 / 亨利·科林治设计团队
竣工时间 / 2016 年
客户 / 克鲁企业集团
摄影师 / 阿德里安·威廉姆斯

克鲁办公室位于老蒙特利尔圣雅克大街的原皇家银行空地，是一个由 12,000 个办公区界定的项目，用于一家技术创业公司，还包括一间服务于自由职业者及公众的咖啡馆。该项目提出了两个不同的设计挑战：第一个设计挑战源于客户的要求——如何详细制订架构关系并构建各种项目功能之间的界限。第二个挑战就是在遗产建筑的背景下如何处理设计的深层次问题。

项目的复杂性需要各种工作空间之间的流畅易变性。地面区域的一部分被指定为克鲁公司固定职员使用，并且包含会议室以及其他办公区。其他区域也可以按月或周出租给自由职业者。这些工作人员也可以进入会议室。最后，临时工或公众也可以使用咖啡馆和书桌几个小时，根据需要享用无线网络连接和电脑寄存柜。这个环境是为了在固定的和临时的工作者之间创造一种流动和可能的沟通，以帮助他们在这一科技社区中共同工作。

该设计旨在通过在各个办公空间之间创建透明和半透明的边界来促进这种流通。各个区域之间建立了一系列复杂的玻璃墙，并具有一定的访问权限，以反映每个员工组别的固定性程度。原皇家银行的现存柜台不会被移除。因而，它们被用作咖啡馆和会议室之间的自然边界，相应地在更多的公共空间和固定职员之间产生了分离效果。

作为丰富而质地不平的背景，柜台以及现有的建筑外壳提供了一个巨大的设计机会；那是对另一个时代的见证，可以通过重新定义其目标使其以新功能蓬勃发展。这栋 1926 年的建筑包含非常精美的元素：镶嵌大理石的地板、华丽的彩绘石膏天花板以及定制的黄铜吊灯，还有包括出纳柜台在内的其他黄铜元素。面对这种遗产建筑氛围，设计必须谨慎权衡，以表现、复用和尊重现存之物，同时允许现代的慎重干预以反映企业的当代特征。新设计各处整合了镀铜钢材，固定在极小的箱状圈闭空间，以与现存华丽的黄铜元素形成对比。以直线墙壁划分隔断的会议室，覆盖着镀黄铜的钢板，并且恰巧

01 / 咖啡馆区

平面图

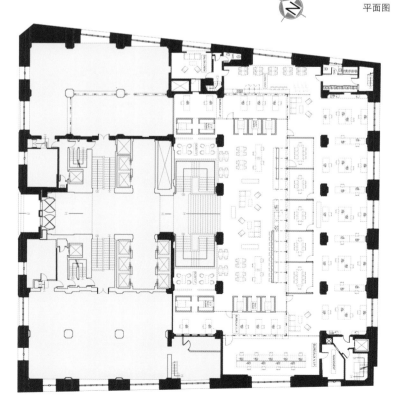

01

被玻璃隔板和天花板的水平面包围，最终止于现存的独立柜台内的纸隔板，那些柜台可追溯至纸笔记账时代。

新设计特征仍然是一种辅助，以原有建筑特色为主，只有某些时间人们才能欣赏到新的干预。

02

03

04

05 / 咖啡馆柜台
06 / 私人座位区
07 / 会议室
08 / 从咖啡馆空间观看安静隔间

07

08

"千鸟格"咖啡和"捐弃"鸡尾酒吧

Houndstooth Coffee and Jettison Cocktail Bar

地点 / 美国, 得克萨斯, 达拉斯
面积 / 195 平方米
客户 / 肖恩·亨利
设计者 / 官方设计事务所
竣工时间 / 2016 年
摄影师 / 罗伯特·虞、马克·莱福诺

"千鸟格"咖啡和"捐弃"鸡尾酒吧的设计是由其功能和共享联结的双重性驱动的。通过让"千鸟格"填充更大的日照空间、让"捐弃"占据私密的后部角落,设计师阐明了由日到夜的基本概念,并以实／空的组合方式来贯彻执行。该空间由两端各有一道滑门的走廊连接,独立或共同经营。他们把岛台建在了一个飘浮着的木头覆盖的大部头之下,昵称为"云"。高高的天花板在咖啡店内创造了开放性,"云"产生了焦点效果,在平衡空间和隐藏机械系统的同时将目光牵引向上。这种设计安排是围绕顾客和咖啡师之间的互动最大化而进行的,同时突出咖啡的制作过程。天花板折叠起来,将客人引导至咖啡师,而吧台周围的座位允许在整个逗留过程中进行互动。

"捐弃"用降低的顶棚和中空结构翻转了"云"的设计,透过中空能看到具有枝形吊灯特征的彩绘金色桁架。酒吧的座位容量相对较低,强调的是更经典的酒吧氛围下的优质饮品和食物。家具灵活可动,为共用长桌或更小的排椅留出位置。胡桃木色和灰色构建了一种地下酒吧的特征,同时沿着外墙的窗帘柔化了空间并促使人们步入交谈。

靠林荫大道的露台带有巨大犬牙花纹图案的雪松木屏障,在这条繁忙的街道沿线创造了视觉特色。屏障可以限制西面的阳光,用动态的午后阴影填满座位区,并遮蔽客人以避免直面道路。他们设计并制造了小型咖啡桌和壁挂灯,同时雇用得克萨斯的其他设计师进行了额外的室内陈设。

01 / "千鸟格"咖啡吧内望

平面图

① 咖啡吧
② 鸡尾酒吧
③ 厨房
④ 杂物室
⑤ 卫生间
⑥ 林荫大道露台
⑦ 内部露台

02 / 林荫大道露台
03 / "千鸟格"咖啡吧内长椅
04 / 犬牙花纹图案的雪松木屏障
05 / "千鸟格"咖啡吧内景

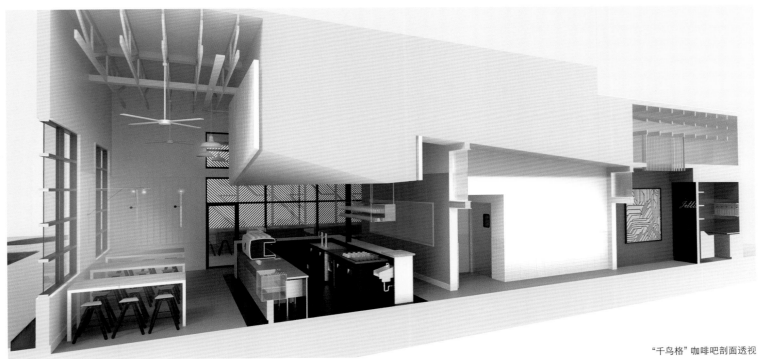

"千鸟格"咖啡吧剖面透视

06 / "千鸟格" 咖啡吧内景
07 / "云" 细节
08 / 服务柜台
09 / 官方设计事务所设计并组装的定制餐桌
10 / 官方设计事务所设计并组装的定制灯具

11 / "捐弃"鸡尾酒吧内景
12 / "捐弃"鸡尾酒吧天花板一览
13 / 官方设计事务所设计的定制灯具
14 / "捐弃"鸡尾酒吧

"捐弃"鸡尾酒吧剖面透视

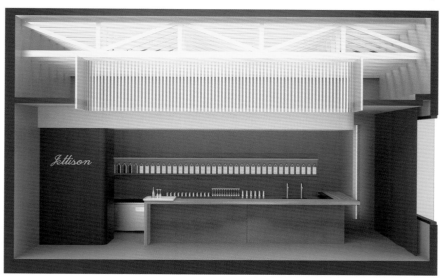

12

13

14

盒里盒外
In and Between Boxes

地点 / 中国，广州
面积 / 250 平方米
设计公司 / 芝作室 (Lukstudio)
设计团队 / 陆颖芝，阿尔巴·贝罗伊斯·布拉兹凯 (Alba Beroiz Blazquez)，区智维，蔡金红，黄珊芸
竣工时间 / 2016 年
摄影师 / 德克·韦伯伦 (Dirk Weiblen)

01 / 漂浮的铝板划出新旧的交界
02 / 木制壁龛和家具为咖啡馆营造出舒适的氛围

在广州天河区的一个老住宅楼下，芝作室将空置的城市边角改头换面成为 Atelier Peter Fong：一个工作室与咖啡馆。一系列的白色体块将原本凌乱的场地净化，创造出引人驻足的宁静空间。

在建筑外部，漂浮的轻盈铝板将白色体块归于其下，又像一条线划出新旧的交界。三个并列的白色盒子由内穿出，构成统一的外立面。而盒子间留出的"之间地带"如同城市街巷的延续，吸引着过路行人。每一个白色盒子都包含着不同的功能：咖啡厅、"头脑风暴"区、会议室和休闲区。盒子"之间"以暖灰色调处理，顶部呈现原有结构，与纯白的盒子形成对比。

根据对功能需求和周边环境的细致推敲，芝作室在体块里外"雕刻"出不同的开口与凹凸。大的开口将咖啡厅里外贯通，并将窗外绿景框出。在室内，局部挖空的天花板与木饰面壁龛营造出亲近舒适的气氛。同样的手法也应用于办公空间入口，三角形门厅的底部留空而成一个静谧的禅意山水，它不但是内部办公的景观焦点，也在视觉上将室内外空间连接。材质的运用进一步定义空间。平滑的白色墙壁与水磨石地板占据了主要的公共空间，如同画布捕获着光与影；半透明墙面在公共咖啡馆与工作场所间造成微妙联系；更私密的区域多选用自然原材，例如"头脑风暴"区的连续木材表面以及休息区中的砖石墙面。

通过咖啡文化与联合办公相结合的模式，方彼得工作室将一个现代概念的社交模式融入寻常邻里中。一个被遗忘的城市边角通过设计成为社交热点，这脱胎换骨的转变诠释了建筑的介入可以如何为城市注入新活力，激活社区再发展。

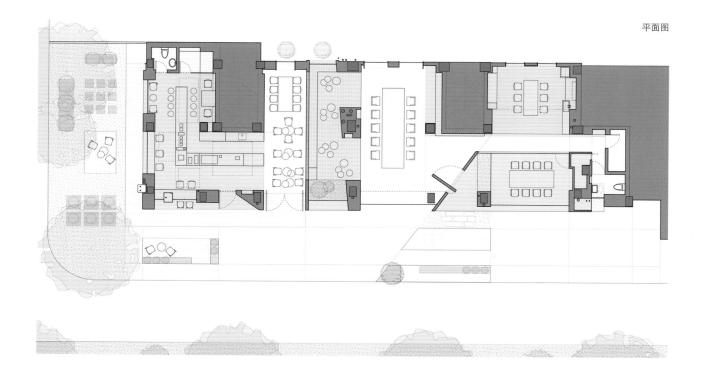

03 / 随着"雕刻"的理念，咖啡馆区域为开口和壁龛所塑造

04 / 中间的灰色地带是从街道延伸出的城市小巷

05 / 三个盒子构成统一的外立面并将原本凌乱的场地净化

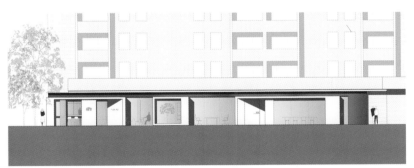

门头立面图

06

07

08

06 / 面朝街道的会议室与办公室的入口共享禅意花园的
　　景致
07 / 白色墙壁与水磨石地板如同画布捕捉着光与影
08 / 主工作区旁的"头脑风暴"区一览
09 / 培育手工艺咖啡馆社团的平静而诱人的空间

拉玛内拉咖啡馆

La Manera

地点 / 西班牙, 瓦伦西亚
面积 / 92 平方米
设计者 / 超空间工作室
客户 / 拉玛内拉咖啡馆
竣工时间 / 2017 年
摄影师 / 路易斯·贝尔特兰

超空间工作室向位于瓦伦西亚老城的拉玛内拉咖啡馆提交了最新的餐饮设计方案。该设计工作室对天然材料的巧妙使用增强了这里所供应食品和饮料的新鲜性；他们恢复建筑原有的砖墙，并在遍布墙壁、灯具和吧台的金属元素上使用生锈的表面。这一切促成了复杂精致带感伤情调的斑迹，有利于拉玛内拉的调酒师在夜幕降临服务之时施展制作手段。

01 / 复原后的格子墙

拉玛内拉的项目包括寻求创造一个日夜皆可工作的招待服务概念，适应每个时刻、每种需求，晨间从早午餐和咖啡开始，到夜间转变为餐馆，以鸡尾酒吧的形式结束。经营理念集中于提供以天然成分制成并由知名调酒师、咖啡师调配的优质食品和饮料，旨在创建一种寻找天然材料精华的设计方案。因此，现有的建筑砖墙已被恢复，同时在墙壁、灯具和吧台上的金属元素上添加生锈表面。对于家具，一些具有相同生锈表面的金属元素与混凝土混合，通过棕色柔软皮革和由不同织物制成的衬垫增添了一丝温暖。在这个空间也使用格子墙，旨在增添一点地中海的感觉，而植物则是寻求与拉玛内拉的自然概念取得更多联系。

为了适应该场所从早餐、晚餐到迷人夜场的氛围转变，最后但同样重要的照明，也已被完全调控，日夜都可以随时调整亮度。

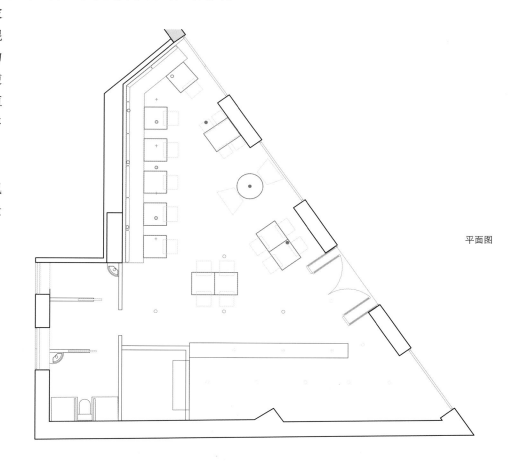

平面图

02 / 吧台一侧总览
03 / 拉玛内拉定制雕塑
04 / 复原墙与生锈墙一览
05 / 皮革帷帘与锈色柜子
06 / 定制灯具

05

06

遇·咖啡
Meet Café

地点 / 广西，南宁
面积 / 1720 平方米
设计者 / 北京海岸设计
竣工时间 / 2016 年
摄影师 / 北京海岸设计师

遇·咖啡，位于广西南宁的一家咖啡馆，点亮了这里的文艺气息。1720 多平方米的空间，树与石，钢与水泥，斑驳的砖墙与朴拙的桌椅，盎然的草木与昏黄的灯影……正如它的设计师郭准先生所言，"我们希望它优雅大方自然，不带任何的矫情和修饰。"

咖啡馆共分为两层，底层用来招待顾客，二层则设置供儿童玩耍的空间，使咖啡馆不再是大人们的专属空间，孩子也可以在这里尽情地玩耍。整体空间采用归本主义六要素：玻璃、混凝土、钢、木、砖、石，打造出优雅、温馨的唯美空间。建筑外立面由玻璃和钢构成，夜色降临，轻柔的光笼罩着整个空间，显得尤为独特。

设计师在空间中展现出材料本来的魅力使空间和谐地融于大自然，建筑就像从大自然中生长出来一般，并力图把室内空间向外延展，将大自然的景色引入室内。同时，利用材料的本色表达建筑本身与周围环境的和谐关系，在建筑内部运用垂直空间和自然光线在建筑上的反射，达到光影变幻的效果。

罕见挑高的楼层空间及全景落地窗，具有开阔的视野。伴着随性大气的树木装饰，呼吸着清新的空气，环境极其舒适。休息区设有书架、滑梯、躺椅，可以在这里享受慵懒和悠闲。散落于楼梯间与地面的绿植，令原本深沉的画面多了几分清新之感。徜徉其中，唯美自然的气息扑面而来。光与影的交汇，从早晨到落日余晖，12 小时的光影不停地演绎变化，给顾客带来不尽的感动与惊喜。

01 / 玻璃和钢构成的建筑外立面
02 / 桌椅、灯具

01

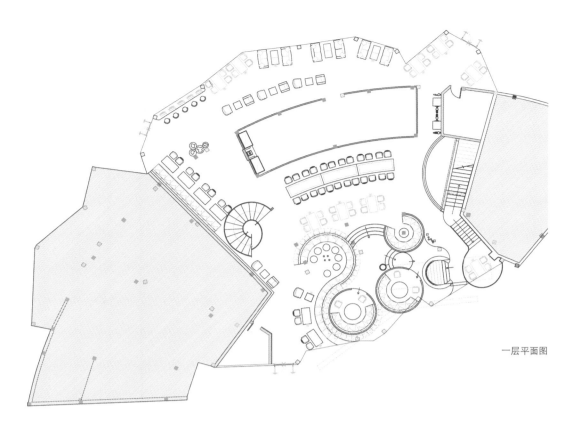

一层平面图

04

05

06

07

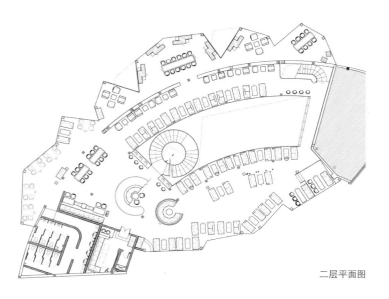

二层平面图

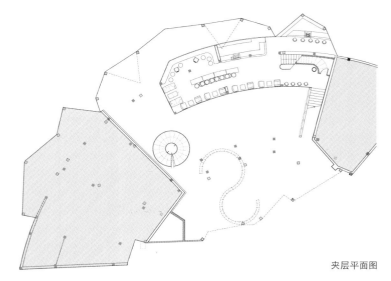

夹层平面图

08

"三"与"咖啡师"餐馆
Three & Barista

地点 / 科威特, 科威特城, 沙希德公园
面积 / 260 平方米
设计者 / 边界线设计创意咨询公司合伙人及设计总监,
艾哈迈德·巴格里
客户 / 米沙里先生餐饮公司
竣工时间 / 2016 年
摄影师 / 胡利安·贝拉斯克斯

"Barista"是个意大利语词, 指的是一名男性或女性"招待服务员", 通常在柜台后面工作, 供应冷热饮料。"三"与"咖啡师"是位于科威特标志性的沙希德公园里的一家餐馆。出于市场目的, 精心挑选了手工艺制品加入菜单之中。名称中的"三"代表来自欧洲供应商的进口巧克力、咖啡和奶酪。带着浅蓝色调的极小而突出的品牌, 与巧克力、咖啡和奶酪等进口产品轻柔交流。

结果便是形成了一个清晰的品牌目标, 通过木材、白砖、升级改造的巴士和大众甲壳虫汽车以及突出的都市园艺形成分层堆叠的内部装饰体验。这些来自不同文化的进口物品影响了餐馆的氛围, 因为它们不是本土的中东文化。

座位区呈多样化; 每个角落都有一个有趣的展示区, 如所见的流动手推车, 吸引顾客抓取商品, 体现了科威特当地市场的风貌。家具响应了伦敦东区咖啡店和酒吧的休闲氛围, 这些细节柔和而温情, 并非去迎合建筑灵感。这些物品在科威特和西方情调下效果良好, 因为它们在空间内没有冲突而是融合。巴士用草覆盖, 与公园环境融为一体, 座位仍然完好无损, 但配有格纹摆设。照明罐子反射出些许闪烁亮光, 在公园里的夜晚温柔地泛着光芒。环绕着家具的图书室在改装的巴士和大众轿车之中创造了一个舒适的角落, 致敬所有欧洲古老的咖啡店。

01 / 室外座位区
02 / 手推车展示

03 / 略加改动的大众甲壳虫汽车
04 / 升级改造的巴士
05 / 舒适的阅读角落

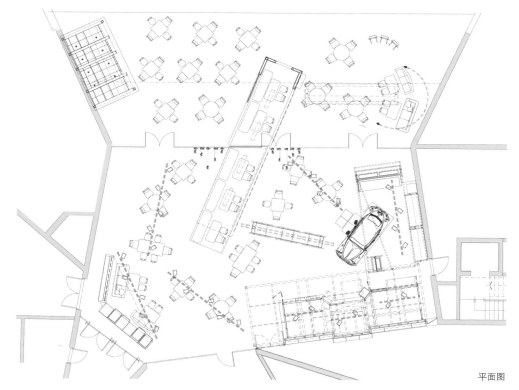

平面图

04

05

27 咖啡馆（北京旗舰店）
Café 27

地点 / 中国, 北京
面积 / 100 平方米
设计者 / 四〇九工作室的卢卡斯·科斯
竣工时间 / 2015 年
摄影师 / 胡艺怀

获得奖项 / 2016 年伦敦餐厅和酒吧设计奖最佳国际咖啡馆提名
2015 年香港建筑设计奖最佳绿色室内设计奖
2015 年梅赛德斯 - 奔驰北京城市指南收录
2015 年迪津（伦敦）和建筑（纽约）网络杂志发布

27 咖啡馆将其所有的精力投入健康的生活和饮食之中。因此，打造可持续性建筑就变得尤为重要，通过建筑传达 27 咖啡馆对新鲜、健康和优质食材的高标准。

该咖啡馆是对现有玻璃温室建筑的翻新改造。因而，可以将新咖啡馆想象成一个里朝外的花园凉亭，其中花园凉亭的所有元素放置在与其周围环境相连的被动受控温室中。

许多元素同时界定了建筑表现和室内环境体验。绿墙以自身方式被动地净化了北京污染的空气。不仅只有绿墙区分氛围，还有木质百叶窗和水磨石地板也控制和分化室内外环境。悬挂式花园（绿墙）旨在净化北京空气中弥漫的高浓度污染物，同时以包围着咖啡馆的巨大绿色表面形式向内部添加强烈的建筑元素。外部的木质百叶窗用于控制日光和热量进入现有温室建筑的内部。水磨石地板为咖啡馆内部提供热量，进一步减缓了空间内部过度的温度波动。这在内部创造了视觉上和温度上的舒适。室内木质百叶窗作为挡板，提供了听觉上舒适。油酥糕点式样的大陶瓷块使内部座椅的排布固定。结合水磨

01 / 咖啡馆在临近业态中的位置
02 / 花园景观

01

石地板，它在冬季能生成逐渐且被动加热空间的热量。在夏季，外部木格栅遮挡玻璃建筑，减少不必要的热量增益，同时漫散直射的阳光，在内部形成一个温度舒适而引人注目的空间。完成了室内设计来到外部，一块像素化小屋般的高地覆盖着灰棒条纹，提供了声音阻隔，同时安置了糕点厨房（通过一个大的玻璃窗可见）、机械系统、公共厕所和干货存储室。最后，内部和外部通过一系列旋转门连接，进一步模糊了咖啡馆的室内和室外体验之间的界限。

这些生态环保的手段不仅减少了咖啡馆的碳足迹，还增加了花园般室内的空间体验。所有这一切，天然材料覆盖的棚屋与悬挂的花园，为 27 咖啡馆旗舰店提供了醒目特征。

03 / 吧台
04 / 室外露台

03

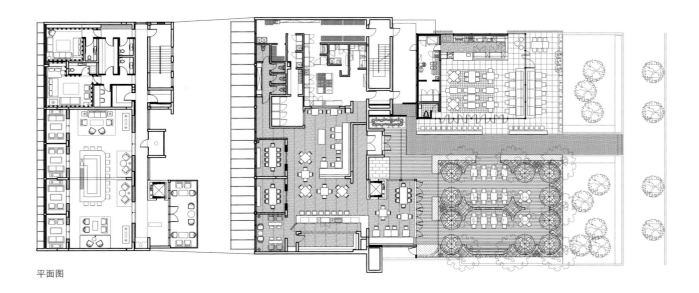

平面图

运用到该项目的所有可持续性和提升室内舒适度的措施都是经济且高效的。它们不但控制内部环境，而且为整个项目带来美感。最终，这个方法模糊了咖啡馆的生态和形式之间的界限，把它们融合成一种有力的建筑语言。

吊扇协助室内空气循环，以增加四季的冷热舒适度。

新的外部格栅覆盖着现有温室结构，以限制太阳能的热增益和阳光直射下的眩光。太阳能增益减少有助于减轻机电水暖系统的机械负载。

内部的绿植墙壁交换氧气和二氧化碳。这有助于保持室内空气清洁，并与常被污染的外部空气分隔开来。

新的枢轴门利于温室内部的空气流动，提供和缓微风，增强使用舒适度。

木板条墙壁阻隔声音混响。

水磨石地板的辐射制冷能使其在夏季以受控和有效的方式冷却室内空间。

水磨石地板的辐射供暖能使其在冬季以受控和有效的方式加热室内空间。

枢轴门通过视觉和物理方式将室内空间与相邻的花园连接起来，供咖啡馆主顾享受日光和风景。

05

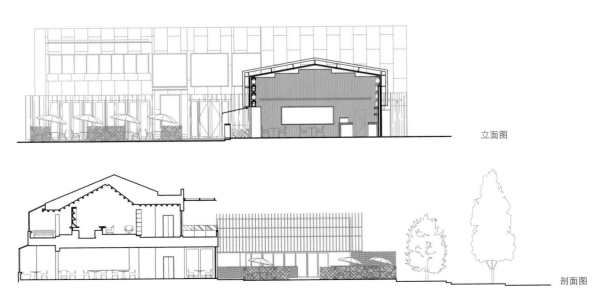

立面图

剖面图

泊息咖啡馆

Café Pause

地点 / 德国, 奥斯特菲尔德尔恩 - 内林根
面积 / 125 平方米
设计者 / 伊波利托福莱茨集团
客户 / 拉斯·霍尔兹沃斯、安德烈亚斯·施泰格
竣工时间 / 2014 年
摄影师 / 佐伊·布劳恩

泊息咖啡馆是位于斯图加特郊区奥斯特菲尔德尔恩中心的一个热门咖啡馆和聚会场所,随着租户的改变,它将被给予新的面貌和方向。这栋建筑的业主,奥斯特菲尔德尔恩镇,希望建立一个咖啡馆与文化相融合的空间。因此,咖啡馆的重新设计应该可以用于附近音乐学校举办小型音乐会或卡巴莱歌舞表演。另一方面,新租户希望实现高端小酒馆食品的概念,要反映在精致的室内设计中。

新的室内设计结合了现代性和舒适感,以确保咖啡馆能够满足广泛的目标群体。各种座位分布在中央吧台周围,从而适应不同的座位需求和全天不同的场景。沿街窗口的餐厅风格座位具有更加亲密的特征,而吧台和对面较随意对齐的座位则展现了开放的咖啡屋格调。最引人注目的元素是环形软垫长椅,包围着空间中心两个现有的立柱。沿着外墙的空座可以移动,以给临时舞台腾出空间,或是在夏季给露台让道。

中央吧台周围的墙壁包裹着漂白的海岸松木板,它也用于餐厅座位和吧台上方的货架两侧。吧台配有复杂精美的白色大理石和嵌于混凝土中的黄铜条,在空间里宣示着中心地位。其蓝色和赭色的瓷砖后墙给空间以整体的配色方案。该配色方案继续延伸到软垫墙板、向下楼梯的墙壁和座位装饰上。

这家新的泊息咖啡馆是一个灵活多变的、有感染力的空间,它作为一间咖啡屋而精美运作,同时也是一个酒吧和活动场所。材料和颜色概念包括并重新诠释了诸如黄铜和木嵌板等经典咖啡馆元素。

01 / 新的室内设计结合了现代性和舒适感

平面图

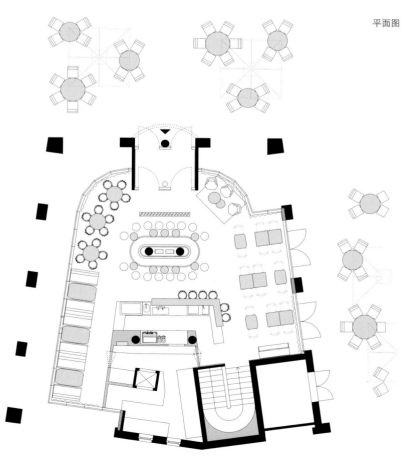

02 / 吧台配有复杂精美的白色大理石和嵌于混凝土中的黄
      铜条
03 / 环形软垫长椅包围着两个现有的立柱
04 / 蓝色和赭色的瓷砖后墙给空间以整体的配色方案
05 / 沿着外墙的空座可以移动，以给临时舞台腾出空间
06 / 沿街窗口的餐厅风格座位

北京咖啡工艺馆
Coffee Craft

地点 / 中国, 北京
面积 / 400 平方米
设计者 / 联合元素建筑设计有限公司
竣工时间 / 2016 年
摄影师 / 卢卡斯工作室：周岩
获得奖项 / 中国（上海）国际建筑及室内设计节"金外滩奖"
创新设计奖

北京咖啡工艺馆由英国联合元素建筑设计有限公司打造, 探索了咖啡店的新可能。在建立适应性和开放性空间框架的设计理念指导下, 创建了一个真正混合使用的空间, 包括咖啡店、画廊、聚会空间和会议室。

咖啡店的主空间分为 4 个主要区域：吧台区、座位区、会议区和厨房区。由 8 扇隔断门和 2 层隔帘分开, 餐吧服务区和主体座位空间可以适应 5 种不同的配置, 从而满足不同用户和日常功能需求：例如, 从为重大活动提供餐饮服务的大型开放空间, 到一种较小的更私密布置的空间。除了功能目的之外, 对隔断门细节的注意增加了额外的立体感与质感, 由于菱形钢丝网装饰在每扇门的一侧, 当受到光照便形成倾泻流注之感。在门的另一侧, 紧密相扣的垂直百叶窗可以通过简单移动打开或关闭, 进一步控制不同活动所需的光量和隐私。仔细考虑摆放家具和中央装置可以让顾客之间有充足的空间, 尽管人们有一种处在充满生机与活力的咖啡店之感, 但是仍然可以维持个人空间。

在吧台区, 不锈钢和铜板的并置产生了金属的冷酷和红铜的热情之间的相互作用。悬于吧台上方吊顶板的设计是建筑师向建筑电讯派致敬。灵感来自"瞬时城市"(1969) , 胶囊形吊顶板类似于飞艇, 灯悬挂在象征性文化设施之下。正是这个微妙的参考, 表明现在正在城市内涌现新一轮咖啡文化。座位区的焦点是"沙漠花园", 由四面镜子环绕, 给人以无限空间的错觉。参考内华达沙漠里的 51 区, 加深了印象, 因为像吊顶板的巨大镜像"不明飞行物"悬在头顶。

01 / 通过使用红棕色铝板和超白色不透明玻璃的组合, 主立面的表达方式日夜变化
02 / 空间被 2 层隔帘分开, 可以适应不同的配置

维斯帕摩托车是这个场景的中心元素,似乎是这些额外地球访客留下的礼物。位于吧台的远端,咖啡产区的大型世界地图不仅用作视觉背景,还作为照明开关的主要控制面板。每个照明开关都置于咖啡的重要产区,北京是例外,那是咖啡工艺馆的发源地。

通过使用红棕色铝板和超白色不透明玻璃的组合,主立面的表达方式日夜变化。结合这些材料的温暖和光线的反射,拱形窗楣配出了柔和的节奏,有效地抓住了路人的眼球,与外面街景形成了赏心悦目的对比,并热烈邀请那些想进入的人。

03 / 参考内华达沙漠里的 51 区,像吊顶板的巨大镜像"不明飞行物"悬在头顶
04 / 敞开的 8 扇隔断门

03

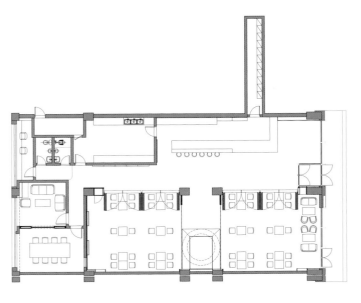

平面图

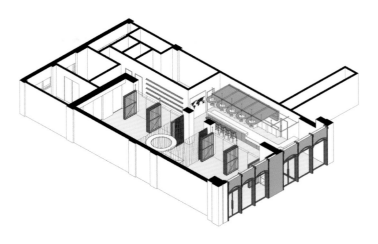

轴测图

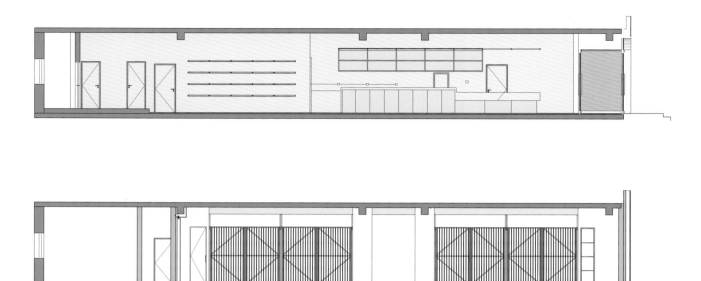

立面图

06

05 / 隔断门的细节增加了额外的立体感与质感.
06 / 悬于吧台上方的吊顶板
07 / 灵感来自"瞬时城市"(1969)，胶囊形吊顶板类似于飞艇，灯悬挂在象征性文化设施之下

吧台区吊顶板细节图

隔断门细节图

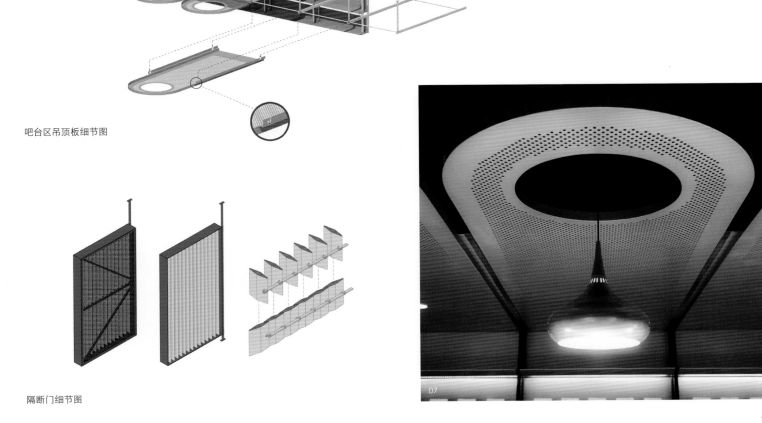

07

一杯咖啡馆（望京店）

CupOne Café

地点 / 中国，北京
面积 / 700 平方米
客户 / 北京创造力文化发展有限公司
设计者 / 纬度建筑事务所
竣工时间 / 2016 年
摄影师 / 曹有涛、方夏诺

咖啡馆、餐馆、图书馆以及诸如此类的场所毫无疑问已经成为我们自己家园的一种延伸。基于此特殊理由，纬度建筑事务所受委托，探索将公共领域扩展到一个标准咖啡馆的可能性，将其分配为两层楼和一个露台。

通过移除入口立面，一楼被打开，从而成为外部空间的延伸。在里面，访客可以找到两个区域：快饮（自由来往）区和消闲（就坐休息）区。前者在服务台旁边设有高脚桌椅，服务台是一个用白色玻璃包裹的纵向照明箱。后者设有低矮的桌子、椅子和长凳。这两个区域由钢制纵向家具分隔，结合一组协调安排的镜子和投影仪，以产生视觉错觉。

螺旋楼梯将一楼和二楼连接在一起。除了作为主要纵向循环的功能重要性外，它还为场所提供了浓郁的特色，并便于两个楼层的对话。分布在周边的弦索充当结构支撑以及安全栏杆。在视觉上，弦索并行表现出由坚固黑钢材料创造的冷酷美和由其重复与交替产生的抒情节奏。

二楼以圆形为特色。在 360° 透明的墙壁内，外部城市景观和内部融合在一起。因此，"整体"已经成为项目的一个主要设计原则。二楼可以描述为组装成圆形的单元。拆卸时，他们意识到，该单元由功能组件精心制作，如环形长椅、朝向外的柜台、服务台、吊顶灯和平台。这些组件不仅从楼层平面中心扩展，强调了环形空间的设计，而且还在三维层次上堆叠，以引导循环及处理活动难题。

二楼也自然延伸到户外露台。150 平方米的区域被安排成第一空间，设有一个服务内外的吧台区，而庭院般的第二空间与环形连续长椅相连。内部和外部地板皆由木材制成，延伸到所有的座椅和靠背区域。在夏季，安装有一个圆形的白色结构作防晒之用。

"灵活性"是楼层之间空间的另一个关键概念。整个内部组合不是为特定活动提供固定模型。相反，遵循"一杯"本身的创意，它提供了各种各样的可能性。例如，与给咖啡客的一桌两椅的正常使用模式不同，

01 / 一层咖啡馆区

旋转梯剖面图

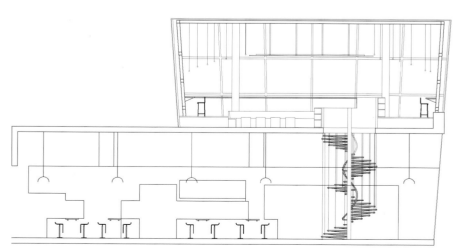

短小餐桌沿着环形长椅陈列形成可移动元素，以便顾客可以静坐、倚靠、俯仰甚至随意移动。必要时，这些可移动的元素也可以收存，以便为演讲、展览和展示等特殊活动创造空间。

选择材料的原则是简约性，"少"并非即是"多"，但却总是创造优雅。木材已应用于地板、平台和桌子，以陈述整体的概念。黑钢包裹在服务台周围，收束起于下面的楼层，给人以垂直连续性。白色天花板也发出与白色立柱和窗帘式墙壁结构相呼应的光线，与黑色钢材形成鲜明对比。

尊重整体概念并不意味着否定细节；相反，详细的设计在其中起着至关重要的作用。以二楼采暖系统为例，所有加热散热器都隐藏在木质平台下面，而空气出口则嵌在环形长椅的踝部高度上，以使暖空气向上流动。另外，经过精心设计的分裂式出口也为整体的艺术外观做出了贡献。这样，服务设施再次与场所的物理形式相结合，来表示整体的概念。

此外，混凝土和木地板的结合，柔软（织物）和刚硬（混凝土、木材和钢材）之间的对比都为访客提供了愉快的细节。

因此，该咖啡馆超越了在公共场所供应咖啡等饮料的基本功能，通过设计动态氛围，激发了顾客的不同情绪。

02

03

04

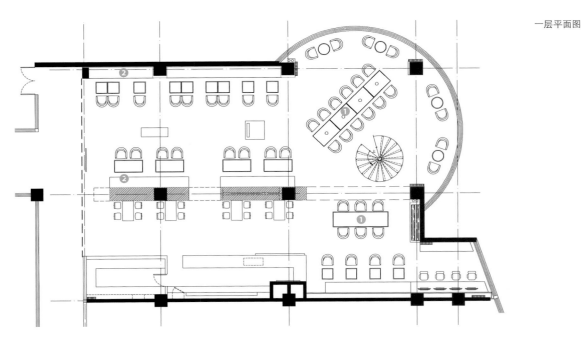

① 桌子
② 座椅

05、06 / 楼梯俯瞰
07 / 椅子
08 / 长桌

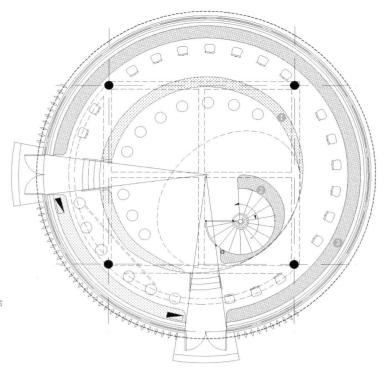

二层平面图

① 长椅
② 木质服务台
③ 固定于现有结构上的木质吧台

09 / 楼梯
10 / 二层

09

10

11 / 二层活动区
12 / 二层屋顶露台

一杯咖啡馆（佳程广场店）
CupOne SODA

地点 / 中国，北京
面积 / 300 平方米
设计者 / SODA 建筑事务所
客户 / 北京创造力文化发展有限公司
竣工时间 / 2016 年
摄影师 / 曹雪峰、林阳

2016 年，SODA 建筑事务所受邀设计位于宝马中国区总部驻地的一杯咖啡馆佳程广场店。项目临近北京的使馆区，咖啡馆包括大堂的一部分、室外平台，以及连接两部分的室内区域。结合这里的特点，他们选择"山与水"的形态完成这个设计邀约。

步入佳程广场正门，扶梯直升二层，稍显空旷冷清的大堂很难让人停下来，而一个咖啡馆真正的魅力是来自于其形形色色的客人。为此，设计者决定为这个大堂设立一个艺术品般的视觉中心，让暂时脱离单调办公工作环境的客人可以安心地坐下来享受一杯咖啡。

"山"可以增加空旷大堂的私密感，客流即是"水"，犹如溪水般淌过山，在视觉和心理上增强了大堂开放区域及室外部分的连续性。经过无数次的尝试，设计者选择了近 300 片尺寸不一的叶片：香槟色电镀外表用于反射，形成立体的动态滤镜，每个叶片上的颜色和图像都会随着客人和路人举动、姿态、衣着颜色不停地改变。这些尺寸不一的叶片最高处达到 2.4 米，层峦的"山"为客人带来相对封闭且自由的空间体验。叶片内侧做了不同色度的灰色烤漆处理。和紫色座椅一同减弱周围人来人往对内部的打扰，让客人可以更安静地与朋友相处，或享受一个人的独处时光。

进入室内空间，设计者选用了具有神秘隐匿色彩的主题色——孔雀蓝，细节处采用了更多精致的实木及大理石材质。作为"山与水"的延续，近千个大小不一的白色亚克力和镜面不锈钢片垂吊在空间顶部，借助粒子流体动力学模拟溪水的动态，不同的材质，或发光，或反射，犹如缓缓流动的溪水在阳光下的粼粼波光。这股溪流从大堂入口开始，流经层叠变幻的山峦，流向空间中最繁忙活跃的吧台上方，随后在整个咖啡馆散开，最终如水花般消散在室外露台。

01 / 大厅细节

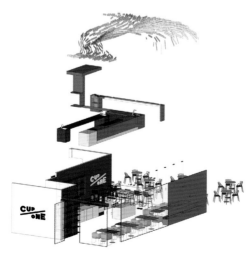

轴测图

SODA 的设计师尝试改变人们对日常空间类型的惯性定义，有如一杯咖啡馆佳程店，是
一个喝咖啡的地方，也可以是一件可供欣赏的大型功能性装置艺术品。它被展示在一个
强调工作效率的商务楼宇中庭，为这个空间注入温暖与灵动。

立面图

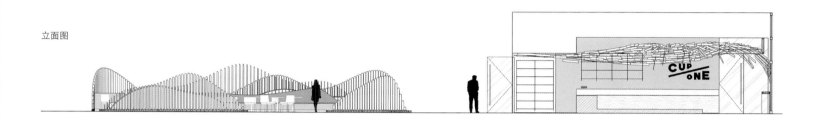

02 / 大厅左视图
03 / 大厅右视图

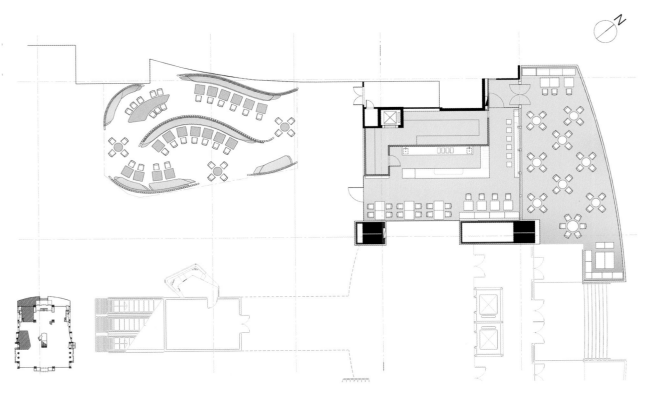

平面图

04 / 吧台内景
05 / 过道内景
06 / 吧台内景

顶部叶片定位图

叨叨咖啡馆
Daodao Coffee

地点 / 中国，成都
面积 / 65 平方米
设计者 / 合什建筑、朴诗建筑
主创建筑师 / 周勇刚
软装设计师 / 宁夏
竣工时间 / 2017 年
摄影 / 存在建筑摄影工作室

叨叨咖啡位于成都银泰城商业街区的中心，是一个面积约 65 平方米的两层甜点咖啡馆，设计师试图将其打造成一个理想的休闲场所。

设计者认为设计从精准地提出问题开始，好设计就是问题的一个答案。此次项目提出的问题是：如何在使用面积只有 56 平方米、层高只有 5.4 米且二层完全无采光的空间里让不同状态的客人找到舒适的位置。他们尝试从小空间的多变性、材质与光线的整体性研究着手去解决该问题。

在如此狭小的空间里要承载多种行为活动而避免相互影响，设计师们采用心理上的空间区隔取代物理空间区隔，用满足功能需求的家具界定区域和空间。暖色木材的体系化使用让空间弥漫着自然舒适的气息，两层交叠的深色金属冲孔板在满足栏杆的功能之外让视线渗而不透，提炼出都市中混合着的感性与理性。

一楼的设计相对开放，很多时候逛街疲惫的人们会选择在一楼吃个下午茶，聊聊闲天，缓解疲劳。对外的吧台是为等待同伴的人设计的，坐在吧台可以看到广场的全景，而不远处就是银泰城商业街入口。二楼设置了自助式服务台，免费供应柠檬水和各种辅料，自然地形成了安静的工作空间和小型会议空间。

总有一些人喜欢坐在角落，设计者考虑到了这一点，设计了天桥，并适当抬升地面，使层高压缩，围合感更强，同时也为一层争取到更舒适的空间高度。想要非常安静的时候，也可以变成一个人的咖啡馆。

01 / 转角外摆入口区
02 / 下楼楼梯空间

01

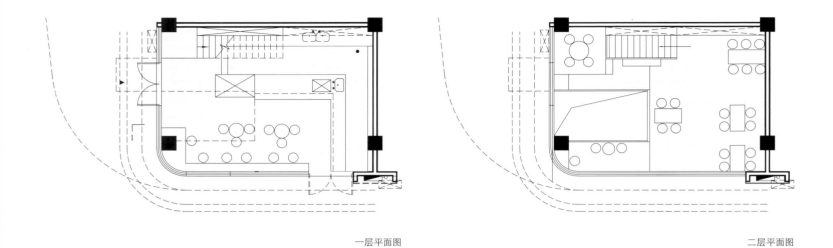

一层平面图   二层平面图

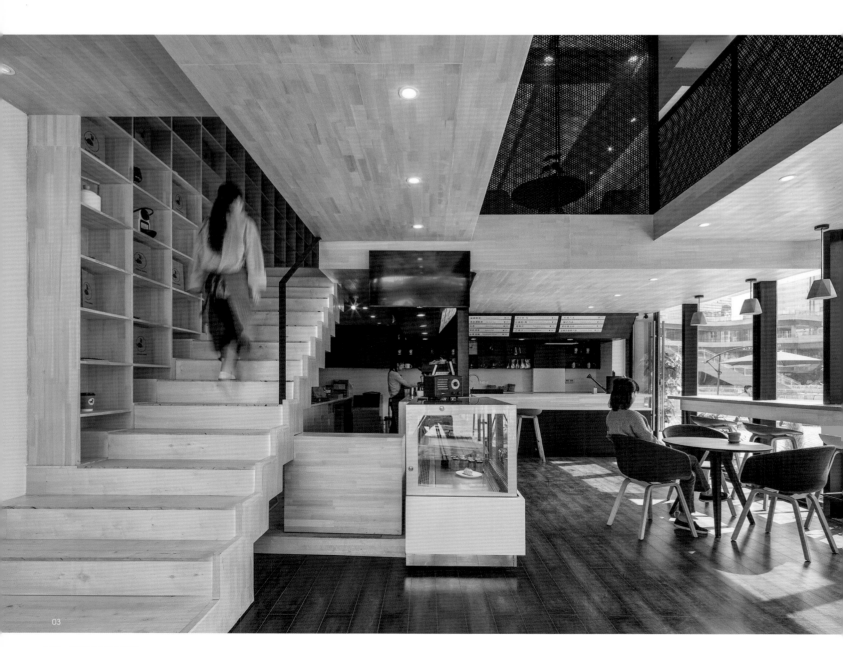

03 / 一层入口门厅
04 / 一层吧台外望
05 / 二层书吧
06 / 天桥卡座

高乐雅咖啡（成都店）

Gloria Jeans Coffees, Chengdu

地点 / 中国，成都
面积 / 210 平方米
设计者 / 多棵设计工作室
客户 / 高乐雅咖啡
竣工时间 / 2015 年
摄影 / 多棵设计工作室

澳洲知名咖啡连锁品牌"高乐雅"首次进驻中国西南地区，坐落在成都远洋太古里负一楼。作为高乐雅咖啡西南地区首家旗舰店，多棵设计工作室尝试用"体块"，以及"体块之间的互动"演变出不同的功能空间，形成了整体高低起伏、虚实相生、主体规整、细节处富有趣味的多元空间体验。

设计师分别在吧台处、室内侧面和户外区域营造了三个大小不同、材质各异的体块空间。体块放置于一个景观平台上，旨在给客人提供丰富而有趣的空间体验。不同体块之间的"间隙"恰好构成了咖啡馆的主体区和边角区。主体区位于室内的正中央，宽敞明朗；沿着侧边台阶向下的边角区，则更为安定与舒适。除了体块之间的互动，设计师在"体块"的内部相应地挖出了不同程度的空间，以满足不同的感观体验及功能性操作。

大面积的落地玻璃推拉门，模糊了室内和户外的界限，让在室内的顾客随时可以感知到户外。身处其中，既能感受到空间包裹带来的安全感，同时又可以享受视野的开阔和通透。绿植墙壁的设计，使游客更接近自然，增加了空间的舒适性。在绿色的墙壁上放置叶带，配上两个木制咖啡产品支架，使其在适当的照明下引人注目。

设计师将不同的材料放在不同的"体块"上。对这些材料的选取仅被简化为几种类型，例如白色抛光瓷砖、灰色水磨石、锌钛板、木饰面薄板等。然而，这几种材料相互连接，提供了更有趣的空间体验。在材料选择中也考虑到平滑粗糙、轻重等之间的材质对比。垂直的景观墙，连接相邻的室外沉降庭院构成一个整体，加强了内外融合的概念。

01 / "间隙空间"——主体区

轴侧图

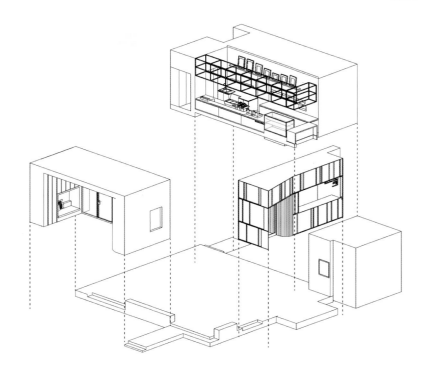

02

02 / "白体块"——开阔外向的立面
03 / "黑体块"与吧台
04 / "间隙空间"——沙发区
05 / 垂直景观

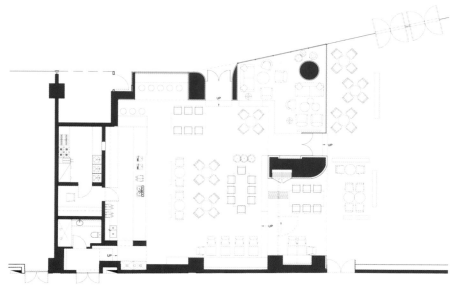

平面图

03

04

05

芃卡咖啡吧

Penka Coffeebar

地点 / 乌克兰, 扎波罗热
面积 / 70 平方米
设计者 / 尤金·梅申留克
竣工时间 / 2015 年
摄影师 / 塔蒂亚娜·科瓦伦科

01 / 入口处绿墙一览

为了获得所需效果, 建筑师尤金·梅申留克, 一名第聂伯州立学院 2009 届的毕业生, 使用了各种各样的技巧。首先, 这个项目使用的材料主体包括大量的回收木材, 当尝试给空间添加温情并借用与其相随的乡村魅力之时, 这是一个很好的选择。感觉如此引人入胜、宾至如归的一个原因是其尺寸相对较小而布局简单友好。

室内设计结合了一系列乡村和工业元素。最引人注目的一个细节是挂在吧台上方的灯具。它是使用一系列玻璃梅森罐设计而成的, 其尺寸令人印象深刻。此外, 灯具模拟吧台的梯形。另一个有趣的特色是一系列垂直摆放的花盆, 为室内设计增添了一抹绿色。在空间的远处, 墙上密布着绿植盆栽。一张长椅围绕角落组成窗前的组合式座位区。在中央, 吧台使设计臻于完美。一套方形和圆形表面的小桌子分布在整个空间, 辅助长椅填补空白区域。座位的选择、形状和尺寸的结合为咖啡吧提供了不拘一格、兼收并蓄的总体外观。到目前为止, 所描述的所有细节和特征都同时是简单有趣的, 只有作为整体, 它们才能创造出愉快和温馨的环境, 来定义这个地方。此外, 还有另一个重要因素有助于这个项目的独特性。建筑师选择木制酒箱和回收木材作为室内设计的主要材料。这些箱子放在一起形成延伸到墙壁和天花板上的单元, 用于存储并展示角落。墙壁上采用回收木材, 具有淳朴的粗木装饰风格, 与灯具一起为设计添加了工业感。各处装饰都非常休闲, 诸如黑板墙或惬意的长椅枕等元素营造了自由舒适的感觉。

洗手间有意想不到的色彩迸发。这个区域的墙壁上漆着明黄色。装饰风格保持简约, 以使颜色成为主要吸引力。鉴于这个空间规模减小, 黄色可以通过分散注意力并将其引向某些激动人心的东西, 使其感觉起来更亮, 甚至更宽敞。

手绘图

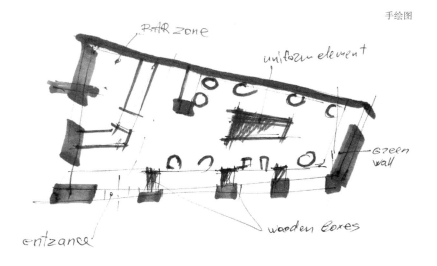

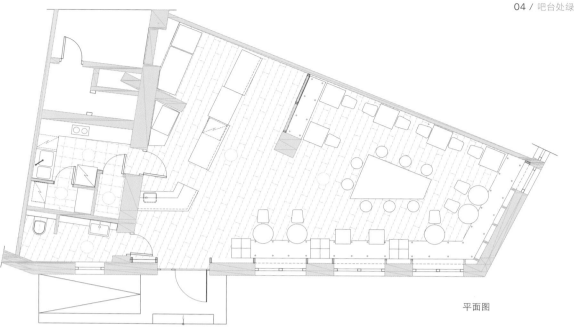

平面图

03

04

121

山咖啡

Shan Café

地点 / 中国，北京
面积 / 600 平方米
设计公司 / Robot 3 工作室
设计师 / 潘飞、邵志邦、李笑寒
客户 / 山咖啡
竣工时间 / 2015 年
摄影师 / 邓熙勋

该项目位于北京竞园艺术中心东侧。业主想将办公楼一、二层变为"自由的咖啡馆"，让顾客可以随意逗留、自由沟通。由于客户喜欢山景，故而希望来客能够在这家闹市区的咖啡馆闻到"山"的味道。

此咖啡馆预算有限，所以只能用常见的材料来建构该空间。有趣的是，底楼的层高有 3.8 米，做单层太高，两层又比较紧张，所以设计这样的空间倒是充满了挑战。由"山"想到了苏轼的一首诗："横看成岭侧成峰，远近高低各不同。不识庐山真面目，只缘身在此山中。"于是突发奇想地在空间的中央部位向下又挖了 1 米，然后在上边建造一个夹层。当顾客通过夹层向下步入挖出的"地下室"时，一种"进山"的体验便油然而出。夹层空间的层高较低，顾客只能在里边坐着或躺着；它是三五好友聊天的好去处。

在通往二层的楼梯下面做了一个小木屋，楼梯就藏在木屋后面。二层被划分成了几个小空间，设计师们没有使用实体隔断，取而代之的是绿植搁架。随着时间的流逝，绿植变换着自然的形态。坐在暖阳下，微风拂过，定是最舒适惬意的体验！

这就是设计师们建造的一个空间自由组织、灵活应用，可以生长的、有生命的空间。一砖一木都留下了工人劳作的印迹，与处于该空间的人们进行着某种"对话"。

01 / "横看成岭侧成峰，远近高低各不同。"——苏轼
02 / 从餐饮区一览柜台

03 / 山景
04 / 舒适自然
05 / 温馨澄澈，似入山中

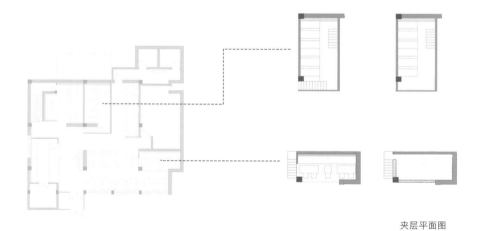

夹层平面图

① 餐饮区
② 入口
③ 柜台
④ 厨房
⑤ 卫生间
⑥ 盥洗池
⑦ 仓储间
⑧ 私人餐饮室
⑨ 办公室
⑩ 贵宾室
⑪ 露台

平面图

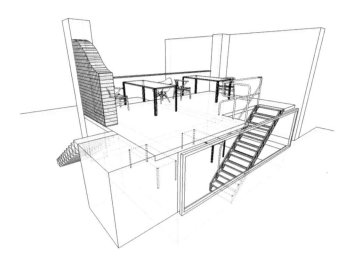
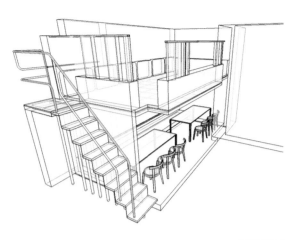

夹层透视图

06 / 夹层空间的层高较低，顾客只能在里边或坐或躺，是三五好友聊天的好去处
07 / 舒适的聚会空间
08 / 二层极为自然，金属搁架填满绿植，微风拂过，舒适惬意

警"茶"理想咖啡馆
Tea-Um

地点 / 韩国, 浦项
建筑面积 / 132 平方米
总面积 / 220 平方米
设计者 / 加和建筑事务所
客户 / 朱进熙
竣工时间 / 2016 年
摄影师 / 柳仁瑾

受到了一名警察的委托,他想要设立一个用作年轻罪犯的职业培训中心和心理诊疗所的咖啡馆,设计师们决定建造一座与所有周围密不透气的建筑物之间有一点空隙的建筑。他们开始使用立方体组合作为基本模块。地面结构也是立方体的扩展版。允许通过使用实心立方体和空心立方体的组合计算建筑物的尺寸来创建一些空间。还要通过分配商场(咖啡馆)和住房的立方体组合来解决法定边界的限制。由于空间有限,自然开发区域的花园和人造区域的露台意味着也要为咖啡馆当作扩展区域来使用。另外,作为客户愿望的一部分,允许利用住宅区的空间进行更多的私人咨询和研讨会。

设计师们决定错开住宅的下面部分,并在咖啡馆下部使用玻璃幕墙,提供一点紧张感,使其感觉像浮动一样。尤其是通过使用玻璃墙,可使咖啡馆的空间不阻挡视线的流动,保证花园的可视性。同时也考虑到居住空间和咖啡馆区域之间的联系和人流,因为它将被客户直接使用。内部花园是咖啡馆的一部分,也是生活区的一部分工作空间,这是为了内外空间之间进行沟通而设计的。二楼的露台区,是为了补充咖啡馆区域的有限空间,一间本打算用作房屋客厅的茶室被设计成心理诊疗所的一部分来使用。因此,该设计意欲连接外部区域和交通形成单一空间的可视效果,尽管看起来住宅和咖啡馆还是相互分离的。

该建筑的名称叫警"茶"理想,有一种含蓄朦胧的意味。这样完全开放的空间强调在紧张的都市环境中透气放松,如茗茶作为团体的象征那样通过饮茶与他人沟通。

01 / 咖啡馆

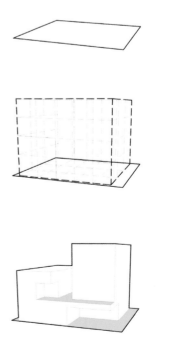

过程图

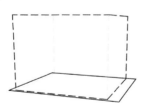

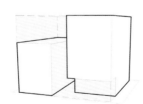

主剖面图

① 一层咖啡厅
② 二层咖啡厅
③ 露台
④ 阁楼
⑤ 三层住房
⑥ 二层住房
⑦ 一层住房

02 / 外立面
03 / 心理诊疗室

02

一层平面图

二层平面图

三层平面图

四层平面图

剖面图

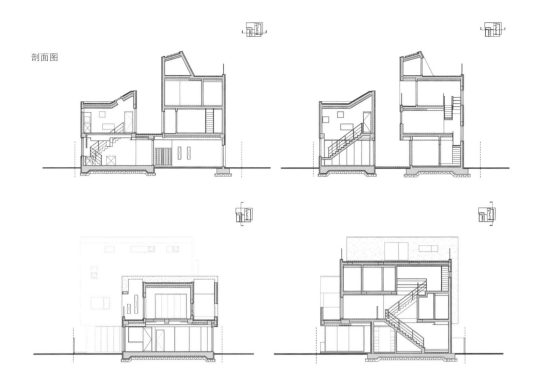

04 / 茶室
05 / 咖啡馆
06 / 接待室
07 / 独立咨询空间
08 / 楼梯

总督咖啡馆（拉里萨店）
Caffè del Doge

地点 / 希腊，拉里萨
面积 / 99 平方米
设计者 / 4 号实验室建筑事务所: 哈里斯·苏利欧蒂斯、乔治·高尔拉基斯、
迪米特里斯·索利奥蒂斯
客户 / 总督咖啡馆
竣工时间 / 2017 年
摄影师 / 巴斯里斯·吉维尔吉斯

01 / 通向地下室的楼梯
02 / 餐饮制作区

总督咖啡馆是来自威尼斯的国际知名意大利咖啡品牌，多年来在世界各地的许多国家开设了一些分店。位于拉里萨的总督咖啡馆是这个知名意大利品牌在希腊获得许可的第一家店，设计和建造任务于 2016 年 9 月由哈里斯·苏利欧蒂斯、乔治·高尔拉基斯和迪米特里斯·索利奥蒂斯 (4 号实验室建筑事务所) 承担。

场地规划分为三个基本类别。"餐吧区"、"室内休闲区" 以及出售各种包装浓缩咖啡的"浓缩咖啡制品商店"。地下室规划集中在 "餐饮准备区"、"仓储区"、"卫生间" 以及 "员工更衣室" 等所有辅助区域。主要概念设计目标是展示品牌浓缩咖啡制品及其起源和品质的历史。按照这个主体概念构想，整个空间以类似咖啡展览馆的方式进行设计，"展品"就是该知名品牌制品本身。所有这些都分类呈现在金属货架和卡拉拉大理石柜台上。金属被选为基本材料，为商店内的许多建造物构形。金属楼梯将底楼与以形式为 "主" 的地下室空间相连。按照同样的设计理念，餐吧的建造结合了钣金和卡拉拉大理石，而金属框架和玻璃平台则 "显露" 了放置在下面的典型手工 "鹅卵石" 地面。

里扎尔迪尼爵士对优质浓缩咖啡制品的愿景也导致了一个实验室般空间的建立，在客户面前进行饮料生产。所以，为了再现 "咖啡店"的威尼斯情调，餐吧部分的开发严格遵循了总督咖啡馆首席执行官和欧洲精品咖啡协会培训师贝尔纳多·德拉梅以及设计师皮里诺·皮纳托的基本指示。

所有被选中的材料都旨在给人一种现代风格的威尼斯风情。白色大理石表面反映的纯净和整洁意味着产品的新鲜，而混凝土石膏则暗示着永恒的味道。

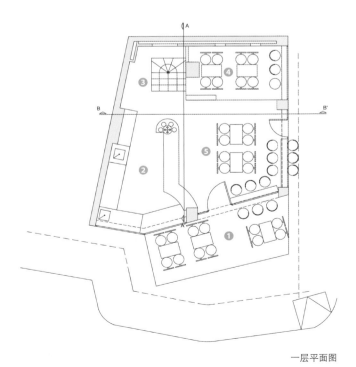

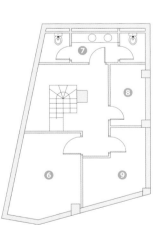

① 室外休闲区
② 餐饮制作区
③ 浓缩咖啡制品商店
④ 平台座位区
⑤ 座位区
⑥ 备餐区
⑦ 卫生间
⑧ 员工更衣室
⑨ 仓储区

一层平面图　　　　　　地下室平面图

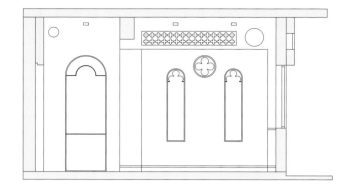

剖面图

03

04

05

06

"再会吧，姑娘" 咖啡概念店
Farewell, Lass

地点 / 中国，浙江，嘉兴
面积 / 450 平方米
设计者 / 朴居空间设计事务所
竣工时间 / 2017 年
摄影师 / 谭苏珊

三种东西使建筑成为可能：位置，这是建筑存在的前提；几何，这是建筑的基础和骨架；自然，我意指人工化的自然而非原生的自然。

——安藤忠雄

01 / 旋梯的黑与白、静谧与光明

这栋双层建筑位于嘉兴市海盐县，面积为 450 平方米。它被命名为"再会吧，姑娘"，定位是给女性的咖啡空间，并通过建筑师长久考虑后选择的曲线元素体现在设计中。

建筑外观：在外立面漆上了主题颜色——藏蓝色。每个女人都是从多年来清甜的少女时代成长起来的。她们"终有一天，脱下了白裙子，穿上了铠甲，告别了婴儿肥，涂起了大红唇"。该品牌意在赋予女性特质，同时忠于自己的灵魂，相应的空间旨在反映女性如何自我蜕变。连接空间的天井：联系了两个楼层，激发了空间活力，增添了一丝乐趣。特殊的逻辑与情感：在一楼，以线性分隔建立了一个封闭的庭院。这个空间被同时隔离和联系起来，充满了社区感，而功能界限引起了归属感。立在中间的是白色螺旋楼梯，可等同于雕塑，它是宁静而独立的，构成了这个空间的灵魂。

此建筑概念可以通过一个中国成语来完美诠释：静如处子，动如脱兔。线形灯和黑白棋盘格地板共同展现了特殊的逻辑与情感。光与影：日夜光影的千变万化可以通过人造和自然光的组合来实现，借由卷帘过滤，随着时间的节拍而流动。

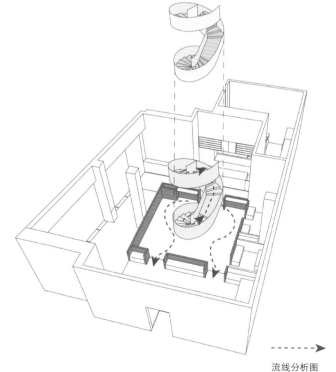

流线分析图

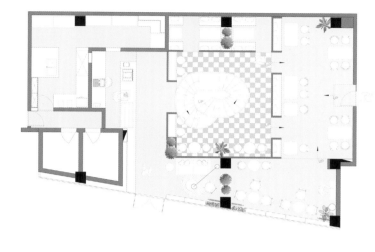

一层平面图

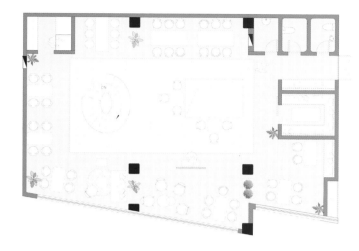

二层平面图

02 / 感性与理性的一层空间
03 / 二层天井区
04 / 吧台旁标识墙
05、06 / 富于逻辑与情感的空间

02

概念图

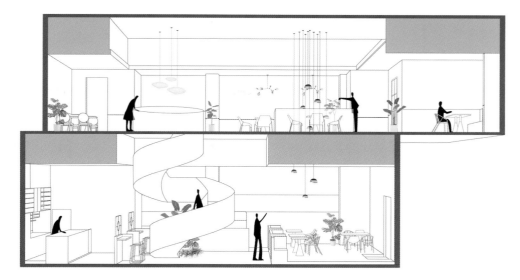

概念图

馥弥咖啡
Fumi Coffee

地点 / 中国, 上海
面积 / 33 平方米
竣工时间 / 2016 年
设计者 / 阿尔伯托·凯奥拉
摄影师 / 德克·韦伯伦

馥弥咖啡是上海蓬勃发展的咖啡馆圈子中一个最时尚的新成员。空间设计的亮点,无疑是附着有比乐蒂摩卡壶灯具的墙壁;其他引人注目的设计特色包括:在天花板上悬流的黑色波浪、光滑的金属餐桌、凳子、柜台和暖日里可完全折叠的前窗。为了赞颂咖啡的无形乐趣,意大利设计师阿尔伯托·凯奥拉将咖啡的芳香蒸汽转化成这家上海咖啡馆最重要的中心装饰物——雕塑天花板。这个醒目的雕塑装置缓缓地从柜台溜走,同时成为咖啡师表现其技艺的顶棚和舞台。浓深色天花板的"烟雾"唤起了对饮品本身浓度的回忆,蜿蜒翻卷甚至超出了该场所的玻璃幕墙。这一装置为整个空间提供了动感,在温暖的天气中创造出一个部分覆盖诱人户外座位的区域。醒目墙壁上爆散分布着各种尺寸的标志性摩卡咖啡壶。它们的存在由贯穿空间的大镜子强化,使这些物体如同一封写给意大利特色咖啡工艺的情书。

为了创造更大空间的错觉,家具处理成反光表面。这种设计手法使配件有效地融入周围环境中,同时为站立和坐下的客人提供了另一种景象。座位区域被分隔以实现多种功能。从外面看,大窗框可以顾及内外的客人。同时,里面的公用餐桌位于空间的中部。额外的吧凳沿着咖啡馆的右侧一字排列。材质的组合形成了鲜明对比,光亮的新元素与斑驳条纹的墙体相对而放,墙壁露出了这栋建筑的石库门老砖(世纪之交的上海典型传统房屋风格)。其被粉刷成白色,以最好地反射自然光,与该空间的双折叠窗一起,为客人提供舒适的体验。

01 / 入口
02 / 墙壁现代雕塑装置

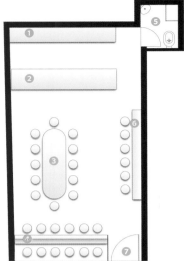

平面图

① 后部柜台
② 吧台
③ 共用餐桌
④ 内 / 外
⑤ 洗手间
⑥ 装饰墙
⑦ 入口

03 / 座位区
04 / 街道外望
05 / 咖啡机与产品
06 / 咖啡馆内望

白马豪华酒吧
Lounge Bar Cheval

地点 / 希腊，塞萨洛尼基，米特罗珀里奥斯大街
面积 / 200 平方米
客户 / 加特思科·埃夫西米斯、科洛诺普勒斯·巴比斯、查拉西斯·吉安尼斯、斯提瓦斯·萨诺斯、克里斯·因托斯、帕纳吉奥提蒂斯·拉斐尔、瓦萨米斯·瓦西利斯
设计者 / 方舟建筑设计实验室
竣工时间 / 2016 年
摄影师 / 瓦迪工作室；瓦乌蒂努蒂斯 - 迪米特里乌

在塞萨洛尼基市场的中心，你可以在零售商店中找到这个由希腊方舟建筑设计实验室设计的豪华酒吧。双层咖啡／酒吧的体验对那些拼命追求物质的人来说往往会是一个理想的购物间歇。在入口附近，一个马头人身塑像欢迎你来到由人字形混凝土块制成的主酒吧。生锈墙壁、芦苇饰片、皮革座椅、悬挂植物和木材，与顶部由折叠金属块组成的参数化三维形状图案相结合。这种粗糙和尖锐材质的对比造就了一个当代的都市酒吧，你可以在那里找到精美的鸡尾酒和风格化的食物。

白马豪华酒吧是一个涉及我们所谓的"游牧民生活方式"的项目。马头人象征着喜欢身心旅行的新"游牧民"。当代都市美学与后工业感相遇。马头人旅行照片的拼贴墙、粘嵌在墙壁上的纪念品、装满了书的壁炉、用旅行箱制成的柜台提醒着你罗尔夫·珀兹所说的"如果拿不准，就走出去，直到你的生活变得有趣"。

白马豪华酒吧正试图讲述一个游牧民的故事，并以优雅的方式实现——它遵从不在其指导性美学上妥协的原则。因此，有霓虹灯，有壁炉的讽刺注释，有餐厅向紧邻酒吧、休息厅等索取空间的知名拉锯战。在所有这一切中，白马仍然条理清晰，享受相应的物质性，同时又邀请其顾客大体上脱离它。这促成某种元特征，而且还是讨人喜欢的。

01 / 入口处一览

一层平面图

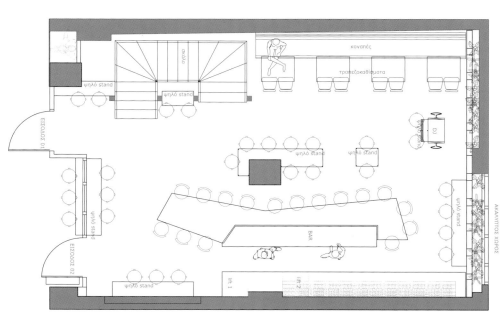

level up

剖面图

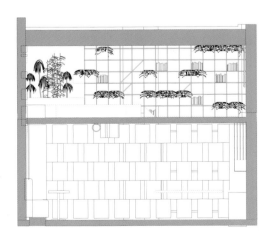

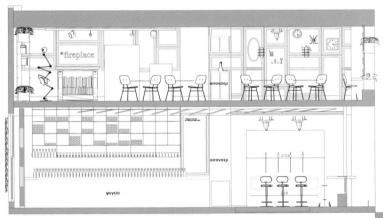

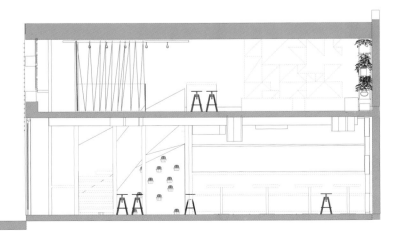

05 / 一层中央座位区
06 / 室内花园区
07 / 客厅区
08 / 游牧民主题艺术墙

二层平面图

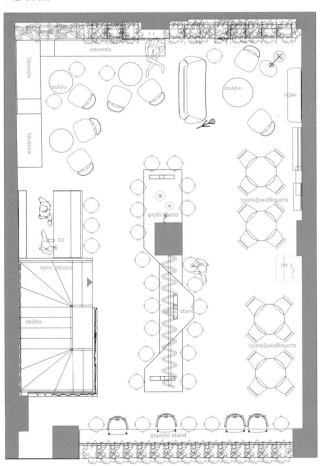

北五环咖啡馆
The Beijing Rings Coffee

地点 / 中国，北京
面积 / 1329 平方米
客户 / 国家游泳中心
设计者 / 北京优加建筑设计咨询有限公司
竣工时间 / 2016 年
摄影师 / 陈溯、刘兵

北五环咖啡馆坐落在国家游泳中心（水立方）内北侧商业区二层。这不是一个普通意义上的咖啡馆，是由体育业内名流众筹而来的，意在搭建一个机遇的平台，对接体育项目与金融力量，助力中国体育产业的融合与聚变。咖啡馆因此变成了一个新形态的"圈子"，成为了一个超越咖啡馆价值的存在。2016 年 8 月 8 日，北京奥运会 8 周年纪念日，北五环咖啡馆正式落地开幕。

这家咖啡馆注定是独特的。2022 年之前，国家游泳馆将完成由"水立方"到"冰立方"的华丽转身。在成功举办了夏季奥运会的水上比赛后，它即将成为冬奥会的冰壶比赛场馆。将体育众筹咖啡馆定位于此，在推动体育产业发展的同时也为冬奥会预热。因此，咖啡馆的设计语言及表达方式会重新诠释水立方建筑的原有特色，同时会表达"水"向"冰"的转换。

这个为体育界名流而建的社交平台会呈现水上及冰上的运动主题。咖啡馆的所有权既非属于某个单位亦非属于某个个体，而是属于志同道合、有话语权和影响力的群体，空间功能需适应多变的要求，充分预留灵活使用的可能性。

01 / "水"大厅一角

平面图

客户的要求成了建筑师的设计主旨：有特点而不铺张奢华，配合其特殊的内容及意义，做"世界第一"。而做到这一点并不是不可能，原因很简单——场所一旦被赋予了个性，人们就会为个性而来，来者又为场所增添新的故事和生命力，于是场所成为与其相关的人的故事的积累，一种集体记忆。因这些故事，场所具有了不可替代的独特性和吸引力。人们对场所的评判也就超越了其功能本身，因为功能是可以复制的，但文化是唯一的。

该咖啡馆内有几个重要的"厅"。"水"大厅：这里呈现的是彩虹折射的水光与水色。是人们喝咖啡的大厅。主要包含主服务台区、半围合包厢区、半围合雅座区、散座区、儿童区、展示区，等等。空间里选搭时尚家具，达成整体的现代风格。"冰"大厅：这里呈现的是一个清凉的冰雪世界和千年老冰的清澈色彩。是会议室、大讲堂、媒体采访录制区等的集合。会议室与讲堂之间的活动墙体可开可合，两个空间共同构成多功能大厅。中性灰背景中，顶棚及墙面局部出现"冰"的结晶体，也成为某些特殊角度的独特背景。家具的选配同样结合冰雪主题，量身特制的讲台自身就像一个纯净的冰晶体。

水大厅和冰大厅都是"明厅"，面向奥林匹克比赛大厅的通长落地窗将赛场景致和自然光线引入室内，内与外相映生辉。

1 号和 2 号贵宾用餐厅：这两个小厅都是"暗厅"，属于内向型空间，特色鲜明而单纯。色彩、灯饰及家具配置都围绕着冰水混合的主题。

02 / "水"大厅包厢区
03　"冰"大厅

剖面图

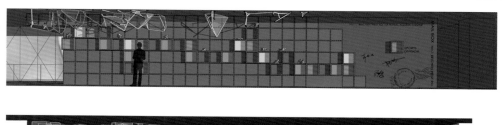

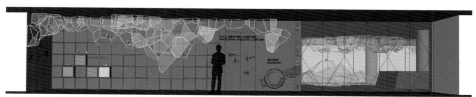

157

连接水大厅和冰大厅的是"五环长廊"。它的一侧是众筹股东的密码信箱墙；另一侧是"五环"水分子晶体小屋，可用作小型洽谈与会客。每个小屋因其主题颜色被命名为黄环、绿环、蓝环、紫环和橙环。

咖啡馆的外墙暴露于水立方场馆大环境之中，为不与原有空间氛围相冲突，仅在整个立面上进行灵活而动感的划分，形成一系列宽窄不一的展示区，可根据活动、赛事更换内容，体现"体育"主题。

一系列展现水上及冰上运动的标识风格的小人儿作为一种符号，存在于咖啡馆的各处，暗示着体育与众筹的主题，同时成为一种诙谐、风趣的记号。

04 / 1号贵宾用餐厅
05 / 2号贵宾用餐厅
06 / 供儿童活动且带有餐吧的"水"大厅

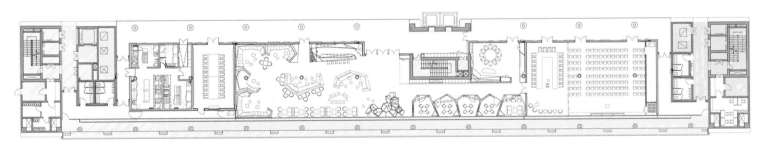

平面图

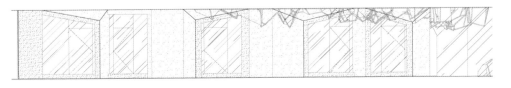

剖面图

冰与水最为灵动的特质是它们的光与色。咖啡馆的设计思路其实非常简单。与咖啡功能相契合，墙、地、顶一体的暖灰色构成了空间的中性底色，之上叠加了一套大型的冰、水主题艺术装置。这套装置是在水分子微观结构原型上进行参数化变形设计而得，并由锰合金钢管和彩色透明的高强度涤纶树脂材料构建而成。

膜材在特殊点位上被有目的地定义为磨砂质感，一来遮挡光源；二来作为承光面漫射和反射光线，以获得预期的光效。透明的膜材则让光线通过，把如水的色彩直接投影到相邻的灰色墙面上，形成光怪陆离的梦幻效果。

这套装置可以成为充满地面和天花间的特殊"介质"（水大厅彩色包厢区）；可以从天花向下倾泻，成为冰挂雕塑（冰大厅讲堂区）；可以从地面向上生长，成为小朋友们席地而坐的营地（儿童区）……每一个人都可以在这里找到属于自己的领地，并找到与冰、水同在的美感与乐趣。

参数设计过程

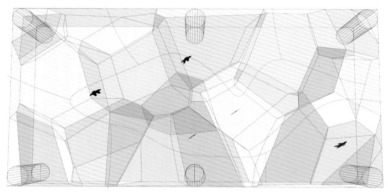

参数实验

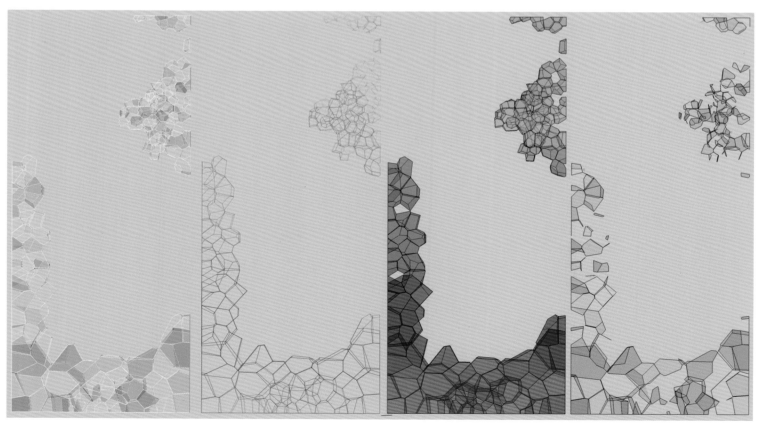

蒂拉加拉咖啡厅（马萨里克店）

Tierra Garat Masaryk

地点 / 墨西哥, 墨西哥城
面积 / 100 平方米
设计者 / 艾斯拉维工作室
竣工时间 / 2016 年
摄影师 / 杰米·纳瓦罗

对设计师来说最重要的事就是做出剧烈的改变, 从原来的品牌"加拉咖啡厅"到更有意义的概念。图案和内饰灵感来自于泥土的颜色、墨西哥的咖啡农场以及这些农场中发现的皮革或纺织品纹理。设计师将这些感觉、颜色和香味转变成一个凝聚的空间。设计师与卡德纳＋阿索克合作, 共同创造了新品牌的概念。至于概念设计, 设计师将所得到的概念转化到所有场地、内饰、家具和图案中去。在墨西哥建立过咖啡农场和牧场之后, 材料就自然而然地来到设计师那里。

空间中的黏土肯定是当地的材料, 也是文化的一部分, 因为它为墨西哥各地区的工匠所用, 设计师把这种材料放在地板或墙壁上, 形成玩弄光影的纹理。墙壁上的纹理是设计师对该空间最重要的处理方法之一, 因为他们从开始就知道他们想要一个单一材料和单一色彩的空间, 但墙壁的真正功能只是给人一种温暖的纹理感觉, 这些都是多重感官体验的一部分。形成墙壁的黏土板没有任何工匠以任何其他方式处理。颜色的变化是材料的自然效果。

泥土是强大的灵感来源, 由于它是咖啡和巧克力之母。农场对该项目至关重要, 因为设计师觉得泥土是一切开始的地方, 并且它是墨西哥咖啡文化的重要组成部分。

依着头脑中颜料和原料的主色调, 设计师设计了一系列定制家具, 旨在再次创造一种附加该概念的非常强力的体验。毫无疑问, 设计师觉得图案和空间以一种非常和谐的方式共存。从一开始, 他们就构想了一个突显内心诚意的地方, 这即是设计师仔细选择所有材料的缘由, 并且他们力求达到一种轻松的气氛, 在那儿你几乎可以品尝到咖啡或巧克力中的泥土味道。

01 / 座位区

剖面图

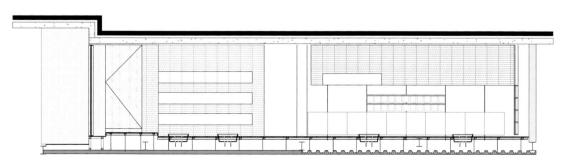

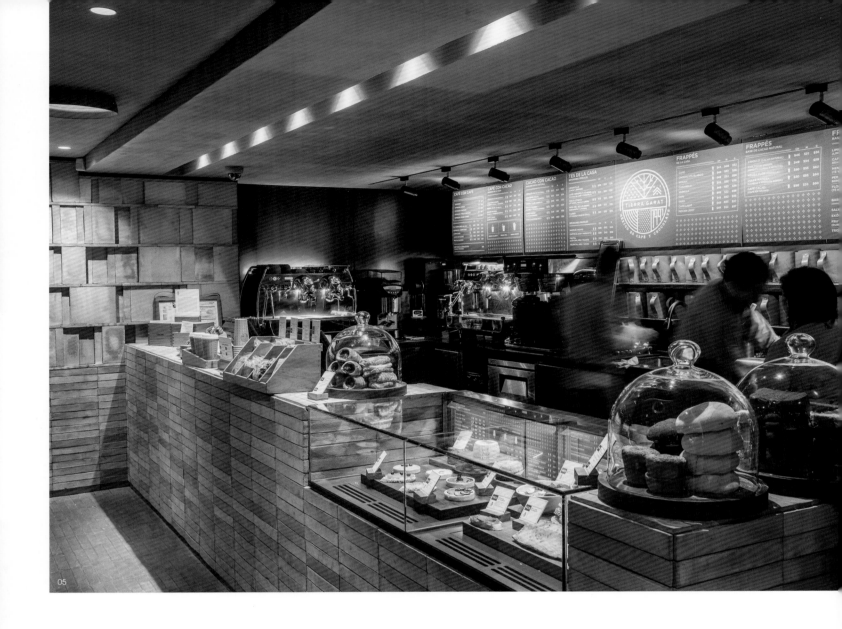

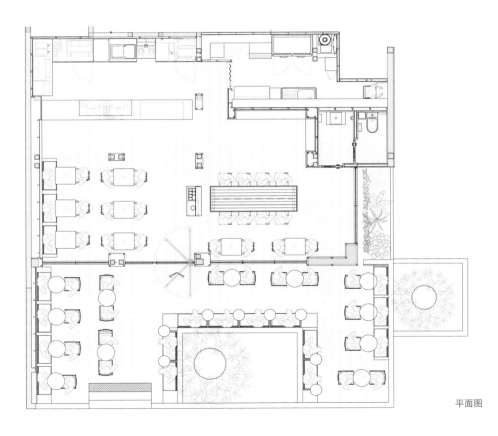

平面图

阿珀波咖啡馆
APBO Café

地点 / 泰国, 曼谷, 拉差裕庭大市场
面积 / 85 平方米
设计者 / 点线面工作室
客户 / 阿珀波集团
竣工时间 / 2017 年
摄影师 / 哈林·那·珀姆佩奇

这个极其精细的篝火晚会主题设计唤醒了童年梦想, 在天空中飞翔, 像彼得·潘一样去找寻丛林中的秘密! 曼谷市中心的这家极小的超现实奇幻咖啡馆打算创造一种错觉, 在那儿消费者一踏进入口就会觉得自己像从城市飞往丛林, 并且与朋友一起举行篝火晚会。通过利用入口, 空间展开, 消费者就像走进洞穴一样。

每个独具细节的有趣元素都在与消费者沟通, 譬如家具。设计师使用五颜六色的矮凳来模仿丛林中的蘑菇。入口处, 有一个打趣的大标识, 写着 "人生苦短, 先吃甜点", 挂在天花板上, 与眼睛齐平, 引起路过前台的人们的关注。此外, 滚动展现甜点图画的电视屏幕与和煦的白光模仿着丛林中的暖阳。在座位区, 从天花板垂下带有红条纹的大白灯, 邀请路人和朋友一起来宿营。紧邻入口处, 巨型槭木陈列柜的灵感绝对是来自丛林中容易发现的巨大枫树, 连同其上飘着的由松木片制成的落叶, 呈现出沉静温暖之感。座位区讲述了篝火晚会的更多故事, 人们坐在一起, 分享甜点, 像真正的野营派对一样聊天, 这个高兴快乐的时刻让消费者同时感到平静与兴奋。

混凝土墙壁的灵感来自丛林中的山, 有落叶装饰。粉色、灰色和蓝色的矮凳代表遍布丛林而生的蘑菇。这家咖啡馆的照明模仿照耀在丛林中的阳光。气球区是特别的私人聚会区, 有受派对气球启发的照明和划分区域的镜面墙包覆着的卡座。

01 / 入口

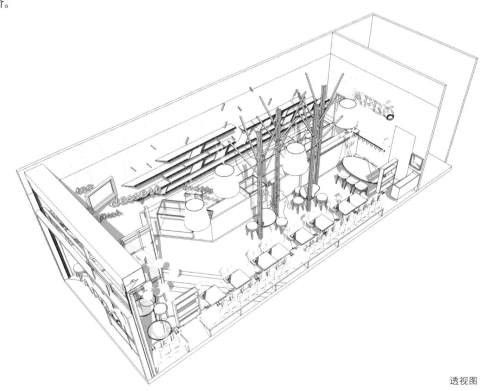

透视图

01

入口立面图

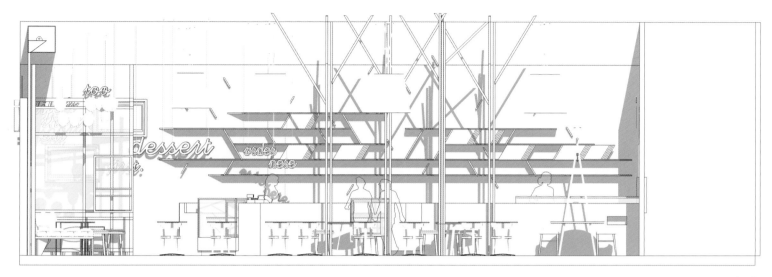

立面图

02 / 店面正前
03 / 信息 / 标识把戏
04 / 销售区

05 / 销售区
06 / 私人气球区
07 / 椴木陈列柜

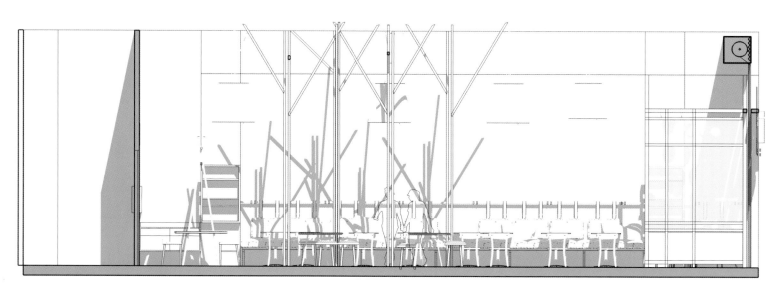

立面图

花鹰咖啡馆

Blossom Owl Coffee Shop

地点 / 希腊，卡拉马塔
面积 / 122 平方米
设计者 / 乔卡斯建筑事务所
客户 / 耶拉西莫斯·萨利达基斯
竣工时间 / 2017 年
摄影师 / 阿萨纳西奥斯·乔卡斯、亚历克斯·乔治乌

01 / 咖啡馆外观
02 / 咖啡馆内部空间

对乔卡斯建筑事务所来说，所承担的空间（曾名为"重装 b/c"）重新设计任务，为了以最小的改变和花费获得全新的特征，是一个巨大挑战。

虽然管理层保持不变，经营咖啡馆的主要思想却发生了变化，意欲将其转变成提供餐饮服务的研磨咖啡之地。这就应该将最初工业设计的咖啡馆转变为对顾客更加开放的场所，使他们感到温馨舒适。同时，客人可以看到制作不同种类咖啡的过程！设计者下了很大功夫，对先前咖啡馆原有材料进行回收利用，但却找不到过去的踪迹。

家具甚至是吧台，可以根据业主的需要改变位置，以便将其变成咖啡师学校！大型货架单元的设计方便展示不同形状和尺寸的货物，形成各式各样的空间。几个梯子形状的架子挂在墙上，同等大小的货架依业主需要复制。使用了简单但耐用的材料，如木材、金属和石头，并以黄色及暖色调作为主体配色。黄色电缆在天花板上穿行，以使光线射进正确的位置。主工作台的设计旨在适应和隐藏店内工作人员所需的不同工具。其上壮观地摆放着烘焙机、冷却机、研磨机和咖啡机。中间的立柱将室内分成两半，一半是制作区，另一半则是安静自在的餐饮区。镜子创造出幻影，使空间翻倍，与咖啡、茶和巧克力相关的原始黑白画作装饰着墙壁。

咖啡店的出色发展以及对面空置的建筑为业主扩大业务提供了机会，让其不只是供应优质咖啡而已。因此，原有厨房的一部分被搬到那里，起到创造甜蜜乐事的作用。还有什么能比对公众开放、具有家庭特色而且设计成像电视机一般的厨房更好的呢？其目的就是要成为一个引人入胜的景点。房间的布局是预先确定的，只有一个基本的改变：用可打开的窗户替换不可打开的窗户。

在中央立着令人印象深刻的由木头和奶油色大理石制成的岛台，其后展示着炊具。高品质的材料和高科技与老旧传统家具形成鲜明对比。满足厨师的工效是这个项目的基本前提。他必须要时刻掌控一切，因为他总是接触顾客，没有犯错误的余地。

渴望就是让新店拥有自己的特色，而同时保留先前的特征。因此，灵活移动的货架箱与墙壁和木块材质一起再现，而柜台和顶灯变换了颜色，为顾客创造了 360 度的视野。

咖啡馆的外墙可以让人从便道上看见各种形状和尺寸的桌椅。客人在此被烘焙咖啡和即时制作甜品的味道所包围。这一小块城中乐土提供了独一无二的体验。

03

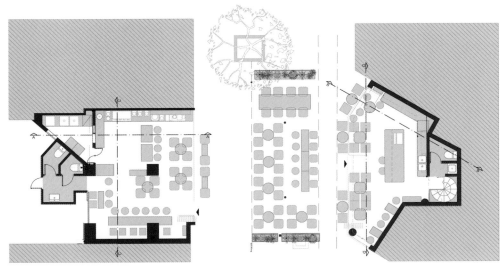

平面图

05 / 甜品店内部空间
06 / 老式咖啡焙烘器
07 / 甜品店内部空间

剖面图

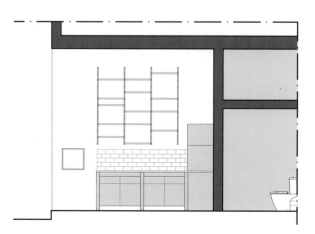

维罗咖啡
Caffè Vero

地点 / 意大利，维琴察
面积 / 420 平方米
设计者 / 埃齐奥·巴贝里尼 (Ezio Barberini)
竣工时间 / 2015 年
客户 / 维罗咖啡
摄影师 / 恩里科·雷纳伊 (Enrico Renai)

01 / 大厅

国际综合设计公司波捷特给维罗咖啡的首家旗舰店做了新的概念室内设计。维罗咖啡是最著名的咖啡公司品牌之一，是生咖啡豆烘焙工序和热饮生产制作领域一流的意大利企业。维琴察的试点项目是将在全国各地开发的众多连锁店中的首家，未来有望将意大利的咖啡传统带到国外。

首家维罗咖啡被创立成为一个新观点聚合地，一个启发灵感的空间，在这儿客人可以发现蕴含于当代风格中的正宗风味，这正是该新项目所希冀的。咖啡馆面积为 420 平方米，分成两层，坐落在由钢材和玻璃架起的新现代建筑之中，直接与咖啡公司制造厂相连。一切都以用料的凝练简朴和本质为中心，以一种复杂巧妙的方式与建筑的结构元素交织在一起：在透明的建筑主立面形成的优美风景里，一种温暖舒适的氛围利用光影的对比油然而生。自然光线洒满空间，照进这个以纽约风格迎客的两层高的休息厅。该项目鼓励追求通风的室内空间，优先保持底层的服务和迎宾功能：位于中央位置的长吧台占据了主导，而一组从天花板降下的笼子和支架，是后台最引人注目的特征。桌子各处散布，以便将宽敞的空间留给明亮的区域，使得咖啡馆令人极为舒适愉快。该项目的基础是木材覆盖的大型弯曲墙壁，随着建筑结构的演变，围绕／笼罩整个环境，从底部升起落到悬臂梁式的二层，其中有一个区域主要设计用于购买和品尝维罗咖啡产品。两种主要材料，橄榄白蜡木和黑蜡铁，决定了所有陈设和结构元素的主色调：立柱、人造天花板和家具，细节精美，在抛光纹理和深色皮革覆盖物的作用影响之中彼此相依。由于两种材料的结合，所有这些环境都保持着线性和传统，唯一的例外就是休息厅。在这个地方，更加温馨惬意，唤起了对传统俱乐部和雪茄房古老氛围的回忆，以墙壁组名件的当代方式重新诠释，使扶手椅和室内装潢浸润于暖色调之中，从赤褐色、浅蓝色、深蓝色、炭

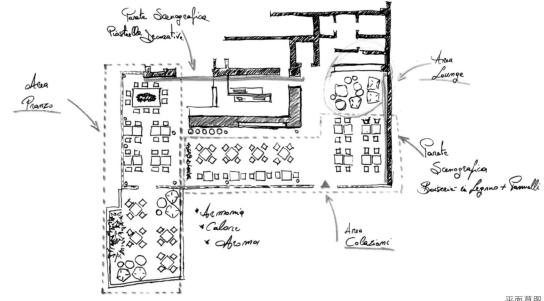

平面草图

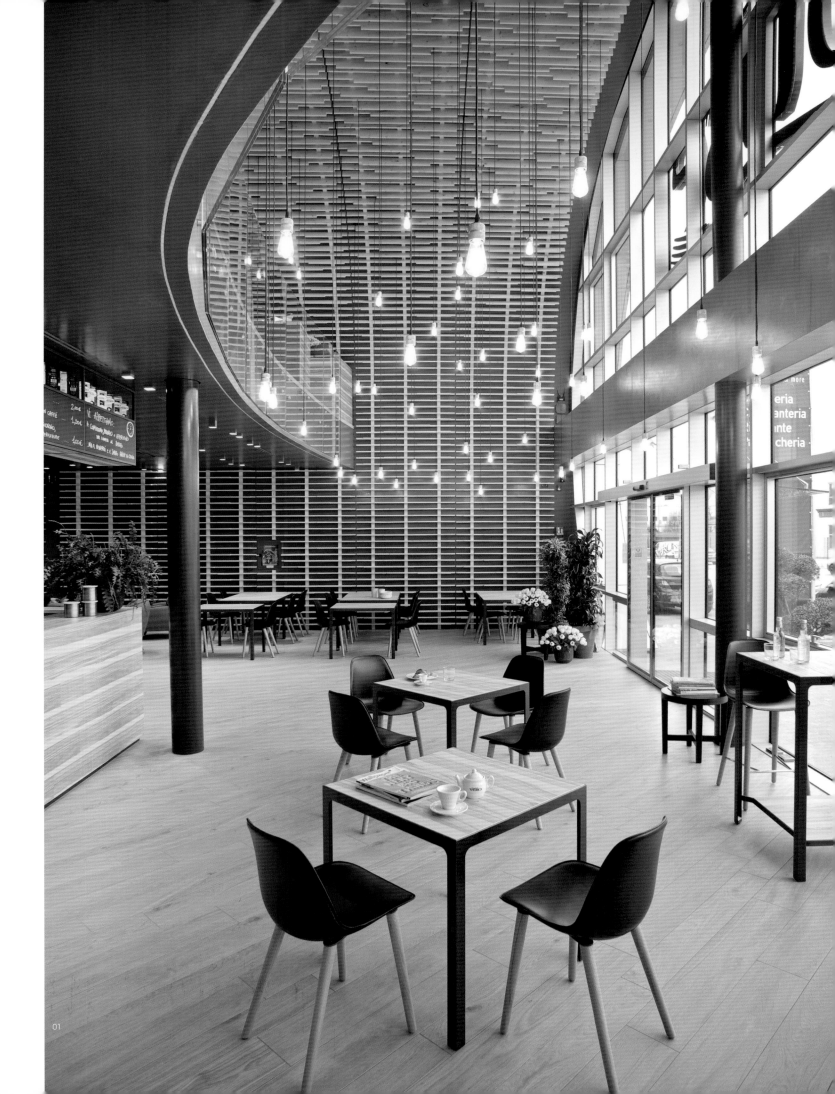

01

灰色到砂灰色。每个元素，从吧台的布置到座位的选择以及每个照明灯具，都是广泛研究的结果，旨在创造一个不止于简的空间体验。该设计从咖啡色调中吸取灵感，创造出独特之地，堪称意大利工匠传统的典范。

02 / 上层座位区
03 / 座位区

02

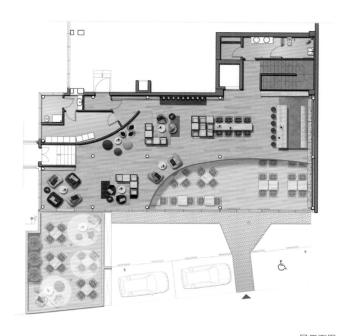

一层平面图

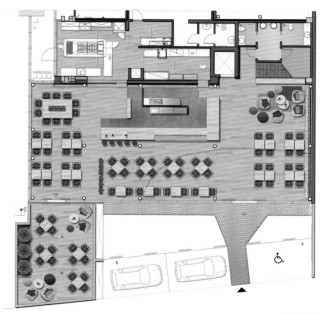

二层平面图

04

04 / 吧台
05 / 盒子装饰墙
06 / 吧台区
07 / 产品陈列架

九杯咖啡馆和糕点店

Cups Nine Café and Patisserie

地点 / 希腊，特里卡拉
面积 / 52 平方米
竣工时间 / 2016 年
设计者 / 逾矩建筑工作室
摄影师 / 科斯塔斯·斯帕希斯

一家新的"九杯"正好开在了学区的中心，位于最受欢迎的城市广场老泽斯波蒂科对面，名为咖啡馆和糕点店。这家新店再次震撼这座城市，重新推出街头咖啡店。业主设想了一个新的空间，可以服务于他们的畅销咖啡以及他们满足现代生活需要的新产品。

建筑师们将这一设想转化为模糊了内外之间边界的空间。座位区和服务吧台都是灵活多变，从内外两侧皆可到达。在店面终止、街道起始的地方开始变得不清楚。这主要以周围的窗框来实现，这些框架都是定制的、手工打造的金属产品。窗户打开，吧台区域在商业街内如同扩展了两倍大。类似的事情还发生在街边一侧，木桌滑动到另一边，人们可以享受饮品眺望城市。在狭长的空间内，长长的木质吧台将店面分成服务区和座位区，它由一个用作收银台的金属灯箱阻断。所有的木制品都是由当地木匠制作的。人们一打开门，就可立即注意到令人印象深刻的地板，它是层压板和六角形黑砖的完美结合，沿着店面延展并继续蔓延到木吧台上。内外墙以及天花板均覆盖着库拉撒尼特材料（一种天然涂层）。

阿斯特瑞斯·迪米特里乌的卓越壁画，装饰着墙壁，并成为该店的商标之一。新的九杯咖啡馆和糕点店以其独特的空间和产品而变化，再次成为了特里卡拉的城市景观。

01 / 外景
02 / 内景

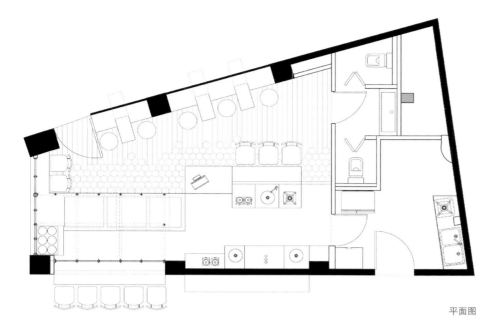

平面图

03 / 室外吧台
04 / 服务吧台
05 / 座位区

灰盒子咖啡（嘉里中心店）
Greybox Coffee

地点 / 中国，北京
面积 / 75 平方米
设计者 / 方式设计
客户 / 灰盒子咖啡
竣工时间 / 2017 年
摄影师 / 王洪跃、鲁雯洴

灰盒子咖啡嘉里中心店位于北京嘉里中心南楼一层入口西南侧。客户提出的极客设计风格和不规则的场地是我们首先面临的挑战。幸运的是，颇具空间感和未来感的品牌标识为设计提供了原始灵感。方式设计尝试将品牌自信与商业表达融入设计中去。

作为对品牌名称中"灰"的回应，空间的主色调被确定为中性的灰色。通过在中央柜台和墙面大量使用喷砂不锈钢板，整体空间定下了炫酷、冷静、光亮的灰色基调。椅子的白色与水磨石地面的浅灰色又给这种中性基调增添了更多层次。为了给空间加入一些暖色让顾客感觉更舒适，陈设、照明和局部墙面的木材颜色与质地被用来中和这个金属性空间。极客风格也就此产生。品牌名称中的另一个关键词"盒子"在空间设计方面也带来了一些自发的灵感。作为空间的核心和视觉焦点，中央柜台是品牌形象的三维展现。如同灰盒子的开口那样，悬挂灯箱和营业柜台创建的中央空间是为咖啡制作和服务等所有活动预留的。

01 / 中央柜台
02 / 座位区

柜台形体的过渡转折区分出不同功能的界面。八角形巨柱也被有效遮盖并成为柜台背景的一部分。几张吧台桌环绕柜台安置于入口处和临窗区，给客人品鉴咖啡和闲坐交谈提供了良好的景观视野。与中央柜台金属灰盒子相呼应的，是一个布置在场地内侧的以原木打造的"龛"形空间，放置长凳和小桌，形成较为安静的慢饮环境。盒子的概念也延续到展品搁架的设计。一系列嵌于墙面的木盒用于展示咖啡豆和其他贩售商品。一张 8 人位长桌正对展品搁架而放，用于较多客人聚会甚好。至于天花板，设计有以单元形状的品牌标识而形成的网格系统。由防火板和内置照明组成的 204 个小盒子均匀地贴在天花板上，创造了有趣的图案。扬声器和其他设备也隐藏在这个网格系统中。它不仅定义了空间的消费领域，而且强化了品牌识别，并提供了主要照明。

05

平面图

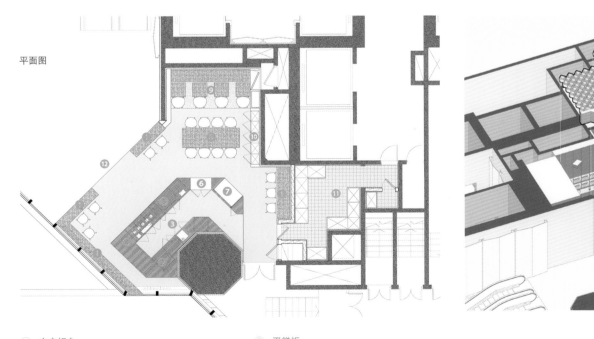

① 中央柜台
② 备餐区
③ 柜台制作区
④ 优质咖啡
⑤ 咖啡机
⑥ 收银台
⑦ 蛋糕柜
⑧ 长桌
⑨ "盒子"
⑩ 展陈区
⑪ 厨房
⑫ 入口

轴测图

普利莫咖啡吧

Primo-Café Bar

地点 / 德国，图宾根
面积 / 100 平方米
设计者 / 迪特尔建筑设计有限责任公司
客户 / 普利莫浓缩咖啡有限责任公司
竣工时间 / 2016 年
摄影师 / 马丁·拜丁格

01 / 玻璃外立面展现出温暖氛围
02 / 木质角落里的舒适座位

迪特尔建筑事务所在图宾根为普利莫浓缩咖啡品牌设计并建成了一间现代咖啡吧，代表着高品质的咖啡，代表着一种意大利生活方式和可持续发展的思维模式。本着这一哲学精神，一种使用天然材料并致力于细节的真正室内设计理念应运而生。这间咖啡吧作为重大转型的一部分被融入了青泽时尚店，于 2016 年 9 月开业。

它位于步行区之中，不仅吸引了外界人士，也为商店的零售客户创造了价值。连续的玻璃幕墙向路人展示了一种温暖的氛围——在光和材料的互利共生中——令他们想要享受咖啡。

在这一概念指导下，服务柜台安放在了中央位置，因为这是咖啡吧的各运作流程相结合的地方。这个核心功能使它成为一个整合所有材料的重要组成部分。受传统咖啡馆文化的启发，棋盘图案的瓷砖突出了超过 10 米长的"L"形柜台。后者包裹着白化的橡木板条，创造出一种具有活泼效果的自然色谱。其形状和材质用巨大的木制台面和嵌入的玻璃展示柜做最后加工。背景里悬挂的黑色钢架具有未经处理材料的魅力，并且与统一形状瓷砖的柔和颜色形成有效对比。

餐吧区通过垂直布置的木板条被分隔开来，这些板条给柜台的结构和售卖区的景观提供了参照标识。顾客可以选择坐在一个凸起的平台旁欣赏外面的景色，也可以在休闲角落的舒适皮椅上或房间的内部进行社交聚会。适应主题的天花板与别致的悬链灯平添了舒适的气氛。灯的金色光晕加入了产品的包装设计，展现了精致的咖啡文化。木制品牌标志的坚固外观代表着工艺和自然。

01

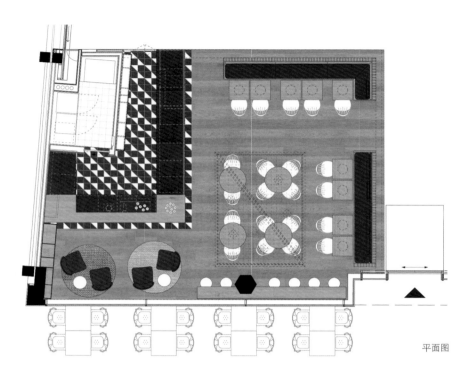

平面图

03 / 天花板与别致的悬链灯平添了舒适气氛
04 / 柜台将全部烹饪过程与材料相结合
05 / 休闲角落里的皮椅和产品展示架
06 / 瓷砖、木材、黑色钢架与金色光晕的组合

糖人咖啡馆
Sugarman Café

地点 / 中国，西安
面积 / 600 平方米
设计者 / 栋栖建筑设计公司
竣工时间 / 2016 年
摄影师 / 刘瑞特

由栋栖公司设计的"糖人咖啡馆"，其概念源于品牌名字"糖人"。由方糖抽象出的立方体元素，贯穿于整体的空间设计之中。

由于建筑主立面正对着狭窄的街道，几乎无法从正面观看建筑全貌。为了使立面的侧视景致更迷人，建筑师从瑞士艺术家汉斯·约尔格·格拉特菲尔德的作品中得到启发，使用特殊的折板创造出了从不同视角观看都在变化的视觉效果。从旁走过，交错的棕色板和蓝色板产生了一种移动的视觉图案。同时，比例良好的纵向线条自下而上逐层加密，给立面营造了更为优雅的外观效果。

沿着狭窄街道的玻璃门可以向两个相反的方向打开。当完全开放时，立面以特定的角度观看几近隐形。底楼的整个空间被打开并与街景相连。

长凳也同样源于立方体元素，被纵向提拉窗对称分开。提起窗户，长凳打破了室内外的界限。它们用于咖啡茶点休息时间的社会活动。

01 / 入口
02 / 中央吧台

01

02

室内中心由三个原有的混凝土立柱组成，包裹着镀铜不锈钢和水磨石。在功能上，咖啡区分为三个主要部分。咖啡培训区和座位区四周环绕，所有通往塔楼的垂直管道均有意露出，以保持空间的真实性。它们形成了有趣的室内焦点。空间内有两个悬挂的壁炉，被主座位区围绕。

咖啡吧台的每一部分都是根据与咖啡师的全面讨论而精心定制的。建筑师研究了黄铜与水磨石之间的连接，然后将其应用于吧台的上表面和前立面。吧台通过黄铜条纹延伸到整个地面。

咖啡吧台上方的照明结构由激光切割钢板和反光材料制成。随着光线的反射和折射，无论白天还是黑夜，分层的光影都会产生动态的照明氛围。

在地板上，建筑师仔细挑选了三种不同颜色的三角形水磨石，形成了更大的几何形状。刻有标志的三角形铜板分散嵌在水磨石地板上。从不规则形状到几何透视立方体的动态转换重新强调了"糖人"的概念。地板图案的渐变也暗示了表现空间的位置和观众的观看方向。

03 / 吧台一览
04、05 / 由激光切割钢板和反光材料制成的照明结构

03

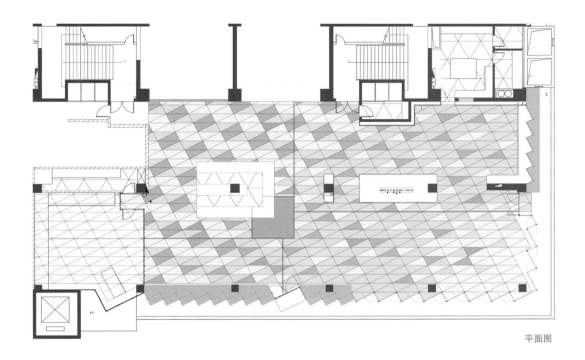

平面图

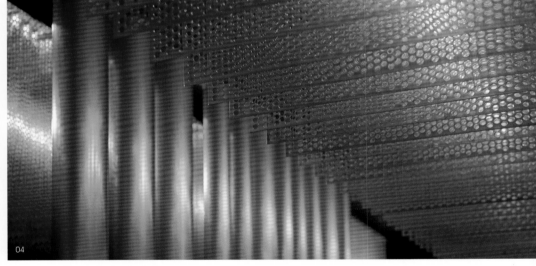

04

05

199

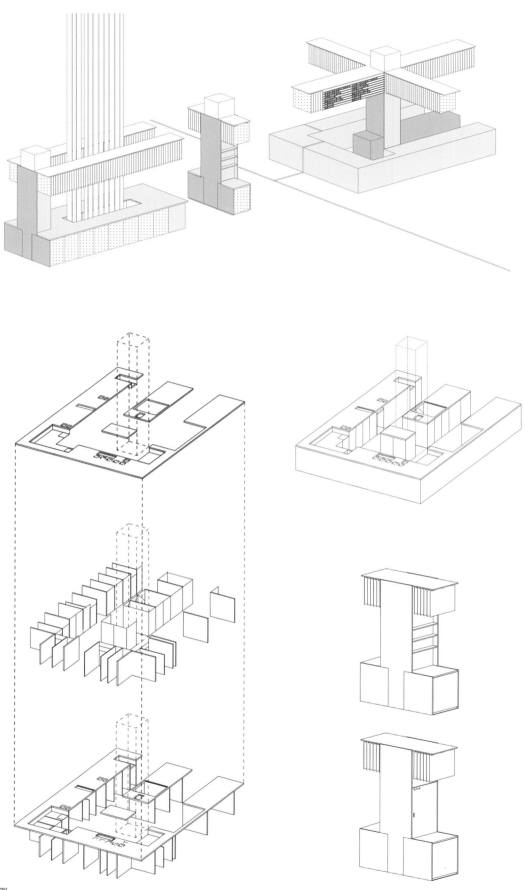

吧台轴测图

墙壁轴测图

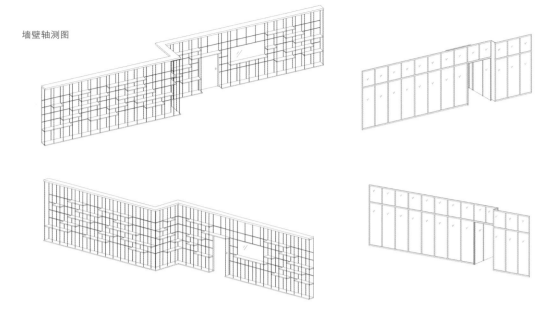

08 / 咖啡机
09 / 悬挂加热器
10 / 悬挂火炉

馨实验室咖啡屋
Synlab Café

地点 / 泰国，曼谷
面积 / 156 平方米
设计者 / "聚会 / 空间 / 设计" 咨询公司
竣工时间 / 2017 年
摄影 / 焦点工作室

馨实验室是一家位于拉玛 3 区的咖啡屋，业主是创造了自有餐饮食谱的希诺瓦公司。设计团队对客户公司探索的各种食谱很感兴趣。他们意识到，发明实际上是反复试验、不断摸索的过程。

烧瓶被随机用作前排的灯泡，以创造出活泼的气氛，吸引顾客的注意。由于想通过店铺自身的关键视效使其卓越出色，所以设计者决定带来纽约客的感觉和他们整洁而又有策略的独特生活方式。字型和图案依照菜单板上的室内设计主题和墙上的报价来创建。而且，在咖啡屋的后面设有玻璃温室，使空间比其他部分更加透彻明亮。这部分是一个有说服力的区域，邀请人们走进来。该空间之后，门隐藏于窗户之间，设有一个作坊。在作坊内，泰国艺术家"蓝调妈妈"在墙上画了一幅生动形象的平面手绘。塑造了馨博士及其助手在开发新成分和食谱的希诺瓦故事。

由于这些原因，馨实验室不仅是一家咖啡屋，也是实验室，在每一台计量仪器上完整清楚地讲述着希诺瓦背后的故事。

01

01 / 入口
02 / 吧台

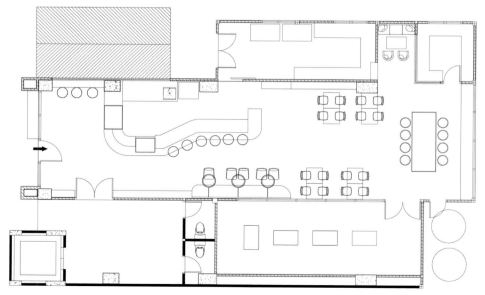

平面图

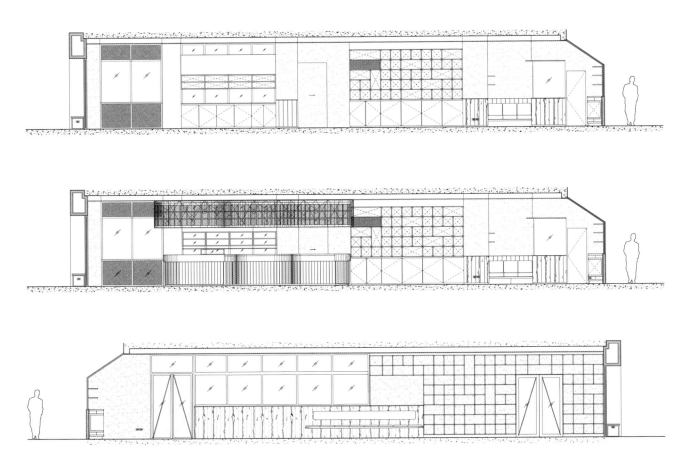

剖面图

03 / 座位区
04 / 长桌
05 / 等候区

剖面图

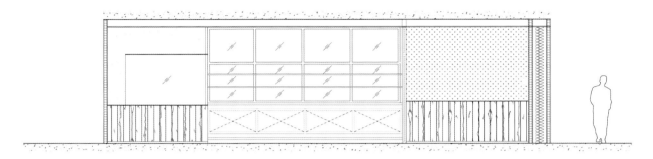

蓝瓶咖啡馆（南公园店）

Blue Bottle, South Park

地点 / 美国，加利福尼亚，旧金山
面积 / 111 平方米
设计者 / 亚历克斯·格雷戈尔（博林 - 西万斯基 - 杰克逊
建筑事务所）
客户 / 蓝瓶咖啡公司
摄影师 / 马修·米尔曼

作为博林－西万斯基－杰克逊建筑事务所为蓝瓶咖啡公司设计完成的首家咖啡馆，这间新的 111 平方米的南公园咖啡店将先前科勒仓库的街道标高店面改观成了一个充满光彩的故意最小化的内部空间。该咖啡馆的设计旨在增强与繁华的市场南街和毗邻的南公园（旧金山最古老的公园）的可见连接。南公园作为豪华街区的核心始建于 1852 年，仿照伦敦的一个广场，曾是旧金山望族的家园。如今，各种科技相关和设计专注型企业都将南公园称为"家园"，不过对当地的餐馆和商店却是一知半解；在午餐时间，会发现街区的雇员在这个非正式的游乐场上闲逛。

该设计通过剥离无聊和不必要的元素，提升建筑最基本的属性，如原始砖墙和粗木支柱（据传是从退役的船只桅杆砍下来的），来揭示场所固有的内在美。进入咖啡馆，一个格子木架映入顾客的眼帘，在整个空间创造了一系列光影；可供购买的袋装咖啡豆和餐具都置于货架内，创造出一种引人注目的商品展示形式。暖色木材、淡蓝色墙壁和混凝土地板的柔和色调给该公司的品牌创建和堪称蓝瓶咖啡特征的咖啡制作工艺做了补充。新特色包括一个冰咖啡吧台以及该公司的首台玛瓦姆浓缩咖啡机，这使得只有最必需的与视觉上最吸引人的机器才可以为客人所见；咖啡制作所必不可少的其他设备被并入洁净的不锈钢和桦木胶合板吧台内部。顾客可以在遍布空间的坚实白蜡木长椅上坐下来啜饮咖啡，也可以在沿窗放置的长沙发上落座。

01 / 咖啡馆外景
02 / 晨光透过南窗倾泻而下

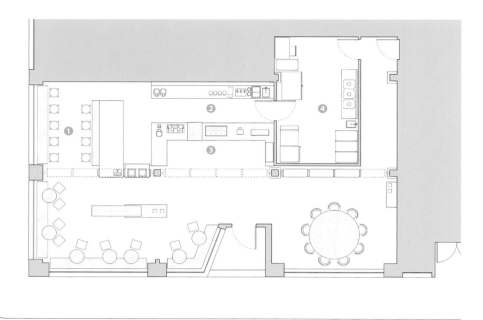

03 / 餐吧座位使顾客能边注视咖啡师边享用冰咖啡鸡尾酒
04 / 古朴华美的格子木架与实木支柱分隔空间
05 / 顾客坐在入口前庭低矮的窗口长椅上

① 冰咖啡吧台
② 服务区
③ 排队区
④ 洗涤室

平面图

03

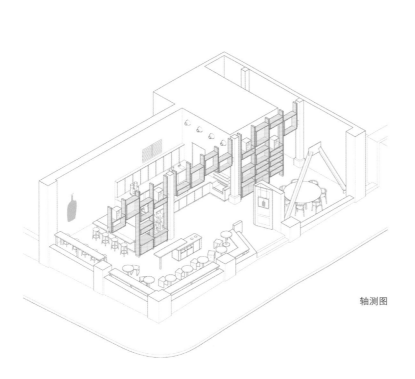

轴测图

博尔咖啡店
Burr & Co

地点 / 英国，苏格兰
面积 / 80 平方米
设计者 / 戈达德·利特尔费尔
客户 / 资本酒店
竣工时间 / 2015 年
摄影师 / 加雷斯·加德纳

01 / 咖啡店外景
02 / 定制橡木餐桌配以不用时可枢转回桌子下方的座椅

获奖的酒店和服务业设计师戈达德·利特尔费尔对新酒店品牌资本酒店（喜达屋资本集团成员）的爱丁堡分店重新进行了内部设计。该项目涵盖全部公共空间，包括一间餐厅（名为印刷机）和一家新的咖啡店——博尔咖啡店。该咖啡店直接面向外面的街道，不仅服务酒店客人，还在爱丁堡最繁忙的一条街道上经营过路客生意。博尔咖啡店的特价优惠包括汤和沙拉以及咖啡和其他饮料。

博尔咖啡店位于以前酒店用于会议的空间。它现在有一块新的黑木店前招牌，是原先乔治时代商店的风格，拥有嵌入式主入口，由三维瑞德建筑事务所设计。另由普拉斯广告代理公司帮助进行品牌创建，在招牌上采用实用标识的形式，在两个主窗口以及自有品牌的产品（例如咖啡）包装上绘制标志。

由于这是改建的空间——并且也不是该建筑具有历史意义的乔治时代元素的一部分——因而设计处理是全新的，还要确保空间具有自己的独立特征。设计理念与印刷机餐厅有部分关联，简单的装饰细节，优质的真材实料，包括橡木墙板、黄铜、陶瓷、天鹅绒和玻璃。

像印刷机餐厅一样，这里的备餐区包含了工业气氛，高过头顶的黄铜竖架将大块黑板悬挂起来，拼写出当天的菜单、特价优惠或促销活动。蓝与棕的色彩设计也使餐厅内部联系了起来，以蓝色皮革宴会座椅和棕褐色皮革凳子为特色。地板材料采用轻质橡木或黑白几何图案的瓷砖。

博尔咖啡店与其他酒店的不同之处在于令人惊叹的当代元素包容性，尤其是备餐柜台前深蓝绿色的瓷砖，以及最长桌子上方陶瓷垂饰里的特殊灯光展示，大小不同而蓝绿配色相同。桌子是定制的，具有英国修道院或学院的餐厅风格，并且以不用时可枢转回桌子下方的座椅为主要组成。所有其他桌子也是定制设计的，带有金属底座和圆形大理石台面。

01

墙壁照明采用带有简单适应性的传统玻璃装饰墙灯理念开发，比如拉直臂杆、使用彩色玻璃，立即将原来的玻璃灯罩现代化。

照明是设计中最重要的方面之一。由于空间狭长且没有多少自然光，所以必须在重点和直接照明之间取得平衡，包括少量的建筑照明，让设计者保留这栋乔治亚风格建筑的原始美，使其与装饰设计和谐相融。

03 / 蓝色皮革宴会座椅和棕褐色皮革凳子与印刷机餐厅的颜色、材料主题设计紧密相连
04 / 黑板悬挂于黄铜竖架之上组成标牌
05 / 展示架上的品牌咖啡

03

04

平面图

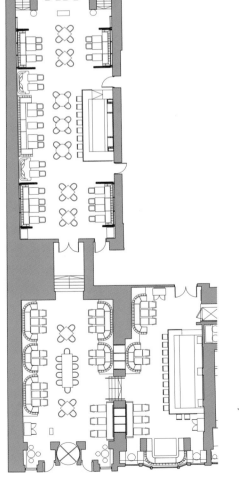

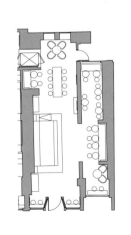

05

西塞罗咖啡馆
Café Cicero

地点 / 日本，滋贺
面积 / 130 平方米
设计者 / 阿鲁滋建筑设计事务所
客户 / 西塞罗咖啡馆
竣工时间 / 2016 年
摄影师 / 西田雅彦

这个咖啡馆项目是计划翻新一座曾经用作餐厅的原有建筑。尽管现有设施在水平方向上占据很大区域，但在空间上给人以压迫感。因此，设计师希望通过引入一些外部元素来创建一个开放的空间环境。

在咖啡馆规划中，外部空间和内部空间只能通过安装铁框架来创建。而且，这些框架温和地划分空间，而不会对整个开放空间环境造成干扰。在这个开阔的空间里，铁框架以木鸟笼的形式点缀，以创建如同在建筑物外面一样的氛围。每个柜台座位角落、沙发座位角落和桌椅区域都有一些独特的意味深长的情趣氛围。此外，铁框架和柜台座位角落的安装设计就好像在屋檐下，因此即使人们在建筑物内部，他们也有一种在外部空间的感觉。

在制定项目概念的过程中，要保证在开放氛围下进行空间分割，设计师想到了一个主意。这就是"鸟居"的空间创设概念，即日本神社入口处的门户。"鸟居"既作为神社的象征，也发挥了将神社区域与外界分开的作用。当设计师参观神社，在"鸟居"下穿行时，感觉就像来到了另一个世界。即使人们处于开阔的空间，也有某种"空间分明"的感觉。设计师将这种感觉应用到这家咖啡馆上。有意使用铁框架的空间延伸舒展，给人们一种像另一个世界的感觉。

01 / 入口
02 / 长桌

平面图

立面图

剖面图

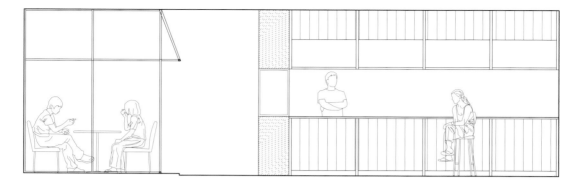

03

04

05

06

柯奈尔咖啡厅
Connel Coffee

地点 / 日本，东京
面积 / 268 平方米
设计者 / 黏土设计工作室
客户 / 草月会馆
竣工时间 / 2015 年
摄影师 / 太田拓实、阿野太一、吉田昭宏

01 / 品牌标识
02 / 正对着高桥是清纪念园

一间咖啡厅坐落于东京都港区草月会馆的二楼。其原有的内饰自 1977 年由丹下健三设计完成以来一直保持完好。它还拥有赤坂地产、高桥是清纪念园以及野口勇创建的石头花园等美景。为了保留这些特色，墙壁和天花板原封未动，没有设置新的墙壁固定设施，只有地板和家具被重新设计。由黏土工作室设计的"流"地板已经被通体整合，以平滑地统一两个分区。柜台的两侧装有相同的上述材料，并且地板与柜台和楼梯的拼接面也与地面上的那些一致，从而在室内创造出更大的一致感。此外，柜台的顶部被处理成光泽的黑色，以匹配天花板的灰色抛光镜面。在休息区，埃罗·沙里宁设计的原始"郁金香椅"已经修复，刷成黑色亚光漆面重新使用。随附的"郁金香桌"也已修理，其桌面上装有与天花板相同的镜面材料。结果便是室内设计显现出了原始空间的先天属性和优点，就像最初构想的那样。

咖啡厅主要由黏土设计工作室管理，经与各类人群不断增长的合作而受到启发，他们将其命名为"柯奈尔"（connel）；这与日语词"こねる"（koneru）谐音双关，意思是"揉捏"或"塑造"，就像在揉塑一块黏土一样。"nendo"这个词本身就是日文中的"ねんど"（黏土）。这间咖啡厅的标志是通过从 nendo 标志中取出"n"设计的，并将其弯曲形成两个"c"。类似地，原来杯子上的手柄已经被手工弯曲或"捏造"，以赋予独特的形状。此外，搅拌棒被设计成自身保持直立，并且它们由锡制成，以便随着持续使用逐渐软化并且改变形状。

平面图

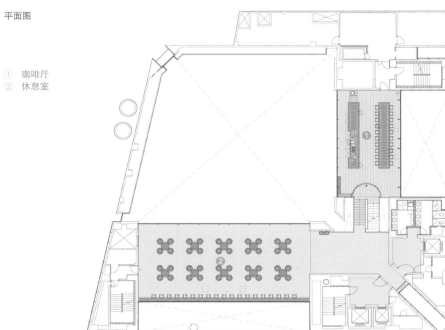

① 咖啡厅
② 休息室

03 / 咖啡厅
04 / 咖啡厅
05 / 从咖啡厅到休息厅的楼梯
06 / 从休息厅到咖啡厅的楼梯

07

08

高地咖啡馆
Higher Ground

地点 / 澳大利亚, 墨尔本
面积 / 305 平方米
设计者 / 设计艺术事务所
竣工时间 / 2016 年
摄影师 / 肖恩·芬尼西

高地咖啡馆是墨尔本中央商务区中不断发展的城市步行商业区里全天候的接待目的地。昔日的发电站被重新设计, 以提供 6 个排列在原先建筑外围的新的连通层级, 创建了一套温馨的分层平台。

客户指示寻求一种酒店大堂的气氛——从早到晚欢快友好、生气勃勃的环境。为了响应这个指示, 该设计提供了大体量内的亲密性和分层景观。每个平台都给予一种特定的位置感, 保持与开放式厨房、吧台和入口的视觉连接。

新的建筑干预措施旨在契合现有砖混结构之间蓄意的对立。深蓝色楼梯以大胆的几何图形钢板来表现, 紧靠支撑上面新建住宅区的立柱。

新材料丰富而触感良好的主色调使水磨石、染色软木、彩钢、天然石、黑色纤维板、实木相融合。一套独特而精心考虑的色调组合, 使该主色调臻于完美, 呈现出与现有结构的凝重感相对的立体感与细微差别。多层的栽种物、小地毯、松散的家具和照明分布在各个层面, 全天为顾客提供一系列的座位选择。

设计挑战的关键难点是满足该委托指示的功能需求, 在广阔的空间中创造亲密感, 而不损失建筑特质。平台及其多层楼梯的上升变化过程为顾客提供了发现和旅行的感觉。

高地的确是适应性再利用的典范, 在尊重原有结构的历史和存在的同时, 赋予了新的生命。

01 / 一层餐饮区

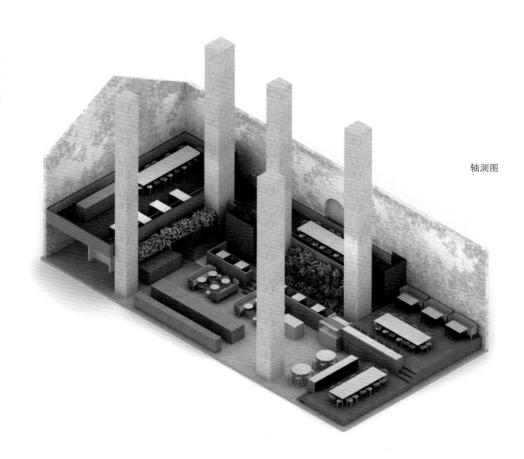

轴测图

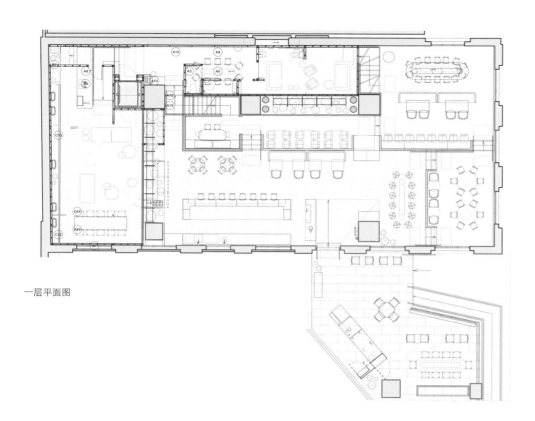

一层平面图

02 / 二层俯瞰
03 / 二层一览

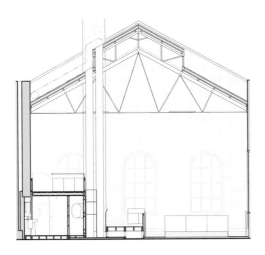

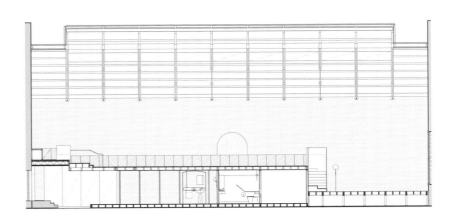

剖面图

二层示意图

04 / 角落餐饮区
05 / 连通处餐饮区
06 / 入口一览
07 / 二层空间

维多利亚·布朗咖啡馆
Victoria Brown

地点 / 阿根廷, 布宜诺斯艾利斯
面积 / 377 平方米
设计者 / 希米建筑事务所: 费尔南多·希齐格和莱昂纳多·米利泰洛
竣工时间 / 2013 年
摄影师 / 安德烈斯·马尔泰利尼

该设计响应了工业环境的建筑方式, 融合了工业革命的元素以及某些算作蒸汽朋克的当代风格干预措施。兼顾工业要素和优美雅致是该环境建设的原则, 极具挑战性。

项目所在的空间是一个废弃的仓库, 只有厨房用于此新项目。酒吧和咖啡馆在配置安排上相互分开, 而很多区域二者共用是必要的。这意味着要精心制订整体设计。

选择用于流通区域的砖砌"秘密"出入门, 反映了隐匿酒吧的概念。厚重红色窗帘包围的虚拟砖墙暗示了酒吧的入口, 由 20 世纪初典型的"报童"图片防护, 上面画着令人难忘的神情。

向前, 是咖啡馆区域。其特征反映了当地元素 (坛子照明) 与纽约面包店典型美学的融合。咖啡区的设计意欲完全忽略砖墙后的酒吧。相对地, 该项目将客人推离。设计者选择完全用老电影的广告来覆盖立面, 并且晚上再用一扇全部以维多利亚女王形象涂鸦的滑动铁门来遮盖。

在通常优雅的餐吧空间中, 其工厂环境背景需要进行一种分割或细分。每个空间都被加以特定评估, 从而产生受控的低空间规模。使用三个"坞站"来掩蔽特别区域的策略是该设计方案的重点。由于房间里三个中心坞站的建设, 必须从旧天花板上放置结构焊管, 以支撑 12 个旧桶的重量。

坞站与餐吧之间通过沿着天花板延伸的管道连接, 模仿了蒸馏威士忌的概念, 并且用作照明源。

最后一个房间, 会客休息室, 被旧式拉闸门的屏风分开, 可以最终移动改变分布这些门的选择是必要的以保持工业形象, 继而产生多用途的空间。在环拥这片空间的砖墙上, 是布朗先生的脸, 他的画像暗示着一个故事。

01 / 用作照明工艺品的油桶

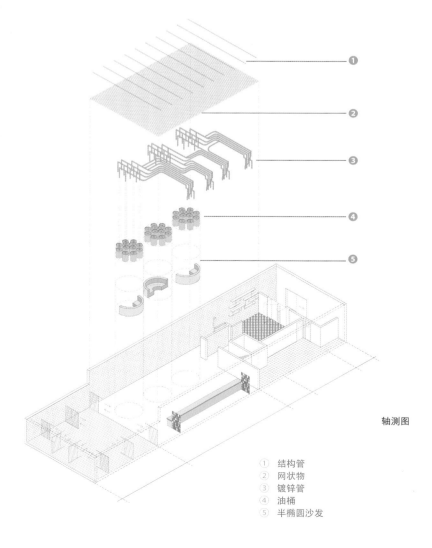

轴测图

① 结构管
② 网状物
③ 镀锌管
④ 油桶
⑤ 半椭圆沙发

两件手工艺品依靠古董与新物品结合的方式特意建造而成。这两个装置都运转活动。一方是凭借垂直齿轮的钟表，另一方是始自 19 世纪的旧机器。对砖块的做旧处理任务需要专门的设计师来执行。实现的结果就是要类似于 19 世纪末的老工厂。

了解这些设想而非试图再现或展示，目标是以类似威士忌蒸馏酒厂的概念触发效果营造真正的氛围，同时也包含工业革命的典型氛围。最终建议是构建拼合的环境特点，概念上的触发，展现预期的环境气氛。

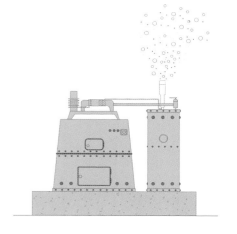

自制酿酒机

平面图

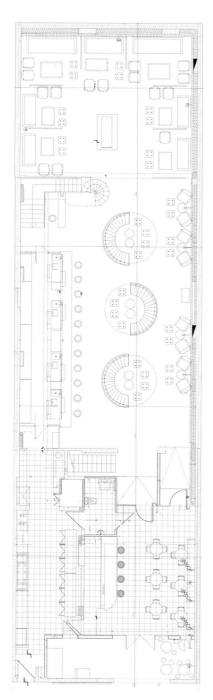

02 / 入口
03 / 座位区
04 / 铜质柜台

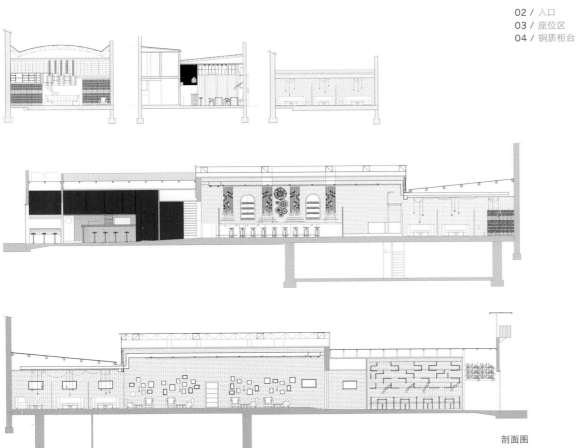

剖面图

油桶装置剖面图

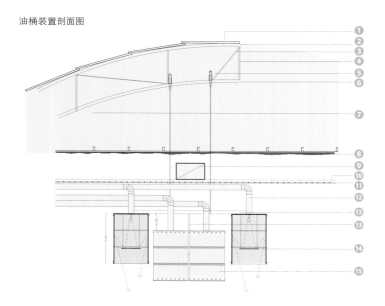

油桶装置实现步骤

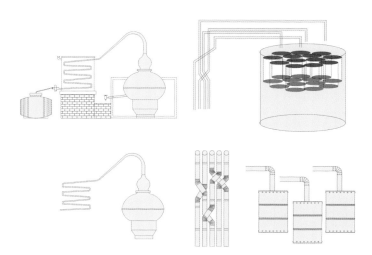

① 槽式镀锌管
② 封层
③ 结构张索
④ 现有结构带
⑤ 支撑管
⑥ 下部带状封层
⑦ 与油桶支撑结构焊接的纯铁张索
⑧ 纤维素化合物防护涂层

⑨ 空调管
⑩ 管状物
⑪ 网状物（用作管状物的背衬及支撑镀锌管）
⑫ 管道与红棕光泽镀锌管弯头
⑬ 支撑桶
⑭ 圆盘（散风口）
⑮ 红棕光泽油桶

05 / 咖啡机与产品
06 / 外观

05

维挞圣玛格丽塔烘焙咖啡店

Vyta Santa Margherita Espresso Bar

地点 / 意大利, 佛罗伦萨
面积 / 76 平方米
设计者 / 克里丹妮拉建筑工作室
客户 / 维挞圣玛格丽塔烘焙咖啡店
竣工时间 / 2016 年
摄影师 / 马泰罗·皮亚策

由克里丹妮拉建筑工作室设计的维挞圣玛格丽塔烘焙咖啡店 (佛罗伦萨) 位于新圣母火车站以前的一等候车室, 该站是由乔瓦尼·米凯路奇设计的 20 世纪 30 年代意大利理性主义建筑的杰作。

此项目的明确特色为古董材料和精美的抛光表面, 表征了原有空间目的。不同历史材料与当代设计融合共存, 为豪华面包店带来生气。光滑流畅镜像表面的使用抵消了柜台和工作空间的体量感, 纤细优雅的设计线条创造出三维元素。

保护新圣母火车站的建筑物对于维挞的设计来说是一个相当大的挑战。该项目侧重于地点与其特征之间的相互作用, 以便为客户提供独特体验, 同时体现品牌形象。由铜、玻璃、大理石等精美材料实现的新特征与现存的历史特征相结合。这增强了挂着经典图片的护墙板的可视性, 使后墙充满新的功能。

颠倒 "L" 形的粉色铜质结构将功能与设计艺术相结合: 它承载着悬挂于面包店中央柜台之上的装置和照明。它因自身质地而成为主要视觉元素, 由使用薄铜板形成的实空交替式样构成。它被用作隔断, 同时也使空间能流通其中, 为一个亲密而可达的永恒之地注入活力, 从旅客的不断喧嚣中消失。

01 / 吧台

彩色平面图

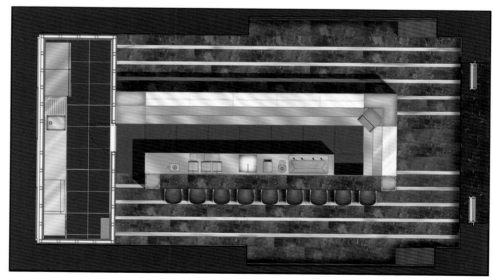

绿色镜面覆盖的平行六面体标出了面包店制作区域的界线。它使用交替的镜子以及沿着地板上有历史感的装饰图案延伸的光亮装饰条来放大空间。柜台由精细条纹图案的粉色镜面覆盖，从意大利大花绿大理石地板上升起。照明产生柔和而温馨的外观：台面由 LED 灯照亮，同时极小的五角形吊坠灯泡透过护墙板照亮了古董图片，古老的白色玻璃墙灯突出了铜墙上的巨大字体。意大利大花绿大理石的坚固"材料"台面和细薄结构的缪恩吧凳欢迎客人在用餐休息期间观察快速运动的城市。

02 / 旧火车站一等座候车大厅
03 / 新特色元素
04 / 大理石的台面搭配以结构纤细的 Miunn 板凳
05 / 不同年代历史的材料与当代设计融合共存

彩色剖面图

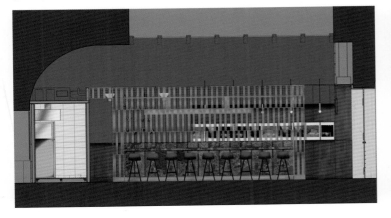 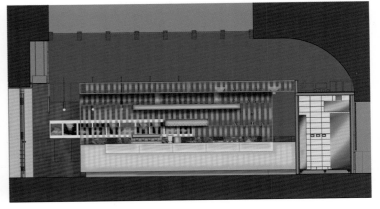

索 引

Architecture at Prydniprovska State Academy of Civil Engineering and Architecture. The studio is small group of creative designers from Ukraine, passionate with their work and with a strong desire to create quality architecture. Their priority is function and ergonomics with aesthetics in mind. Inspired by nature, minimalism, and industry, they are working on the edge of styles combining these three notions.

爱沃尼尔建筑事务所

P. 30

The core team of Evonil Architecture consists of three young, fresh, and ambitious architects. They believe that architecture design is not only just a tool of spatial representation, but also a tool to add more joy life. Evonil Architecture's design portfolio displays a wide variety of projects representing young and fresh unique signature to each design.

方式设计

P. 188

Founded by Li Bin and Liu Bin in 2001 in Beijing, Fangshi Design is a new generation design firm engaged in practices of planning, architecture, landscape, product design and music creation. They believe that the interface without spatial attributes can lead to a series of contradictions and conflicts. They have been committed to solve the problem of space interface, which has become the origin of their initial design.

加斯帕·邦塔设计团队

P.40

Gaspar Bonta & Partners is a multidisciplinary art, design and architecture studio, based in Budapest, Hungary, focused on commercial, residential and retail interiors, branding and project development.

戈达德·利特尔费尔

P. 214

Goddard Littlefair is a London-based, luxury interior design studio, established in 2012

by Martin Goddard and Jo Littlefair. The company's talented, international team works on multi-award-winning hotel, hospitality, and spa projects across the globe, as well as high-end residential schemes.

合什建筑、朴诗建筑

P. 110

Zhong Yonggang was born in Chongqing, graduated from the School of Architecture and Design of Southwest Jiaotong University. He used to work in Sichuan Provincial Architectural Design Institute, and now he is the Principal Architect of HAD and a partner of EPOS.

亨利·科林治设计团队

P. 46

Henri Cleinge's studio interprets the modernist tradition in architecture, respecting simplicity and essence, yet avoiding total abstraction. His objective is to explore how architecture may be derived from ideas. His approach emphasizes light and space sculpted in raw materials such as wood, steel, and concrete.

希米建筑事务所

P. 234

HMA is an architecture and design office specializing in consulting and building project management. Its founding partners are architects Fernando Hitzig and Leonardo G. Militello, both of whom opened their offices in Buenos Aires in May 2006 after three years of work experience in Madrid, Spain.

伊波利托福莱茨集团

P. 86

Ippolito Fleitz Group is a multi-disciplinary, international design studio based in Stuttgart. As architects of identity, they conceive and construct buildings, interiors, and landscapes; they develop products and communication measures. They do not think in disciplines. They think in solutions. Solutions help their clients become a purposeful part of a whole and yet distinctive in their own right.

考伊斯联合建筑事务所

P. 6

K.A.A's work encompasses all fields of design, ranging from urban projects to private buildings, interiors, furniture, and products. The design ethos of the collaboration is the synchronized engagement in practice and research that leads to the evaluation and generation of new solutions. Research topics are drawn from natural, formal and social sciences in an attempt to form an inter-disciplinary network of information that will inform the decision-making process. They work in a continuous workshop spirit with a multi-disciplinary team of architects, engineers, graphic artists, and town planners from different cultural backgrounds. The practice's view is that only through diversity and antithesis can true innovative solutions emerge.

4 号实验室建筑事务所

P. 134

Lab4 Architects (laboratory for architects) is a multi-disciplinary team of external partners, (architects, engineers, and associates) established in 2013, targeting the fields of architecture, interiors, and branding design. The team members are architects Georgios Gougoulakis and Harris Souliotis, civil engineers Thanos Galanis and Dimitris Souliotis as well as graphic designers and illustrators Bill Pappas and Aliona Gerasimova. Based on the members' professional expertise and emphasizing design and construction quality, Lab4 Architects intends to offer a functional space with high architectural aesthetics. They collaborate with various distinguished companies and private clients while having participated in plenty of architectural and design projects throughout Europe.

纬度建筑事务所

P. 96

Latitude is an international group of architects and urban planners committed to the development of architectural projects that improve quality of life in the communities where they settle. As such, they deliver a new understanding on how architectural design and planning can emerge from the combination of on-site conditions and innovative ideas. Unlike the design of generic architecture found everywhere around the world, their goal is to design an architecture that resonates in harmony with actual on-site conditions, satisfying the needs and desires of its inhabitants.

边界线设计创意咨询公司
P. 76

Lines is a multi-disciplinary design firm that is home to architects, interior designers, graphic designers, illustrators, and artists. They also have a dedicated production team comprised of engineers, draftsmen, and sculptors.

四〇九工作室
P. 80

Andrei Zerebecky and Lukasz Kos founded Four O Nine in Shanghai in 2011. The practice has since expanded to include a second design studio in Warsaw with a number of projects in Europe now underway. Both Zerebecky and Kos are graduates of the University of Toronto's faculty of Architecture, Landscape, and Design. Their studies took them to Los Angeles, Rome, Krakow, and Amsterdam for research in architecture and urbanism. After earning their master's degrees, they worked in the offices of Frank Gehry and Bruce Mau.

芝作室
P. 60

Lukstudio is a boutique design practice based in Shanghai, China. Founded by Christina Luk in 2011, the studio comprises an international team with diverse backgrounds and cultural perspectives. With a common desire to challenge the status quo of the environment, the team finds joy in creating meaningful design solutions for others. Lukstudio's strength lies in an "everything is possible" attitude that is influenced by the surrounding context of Shanghai; a fast-paced city where

East meets West and tradition is integrated with innovation.

超空间工作室
P. 66

Masquespacio is an award-winning creative consultancy created in 2010 by Ana Milena Hernández Palacios and Christophe Penasse. Combining the two disciplines of their founders, interior design and marketing, the Spanish design agency creates custom-made branding and interior projects through a unique approach that results in fresh and innovative concepts. Awarded in 2016 with the "Massimo Dutti New Values" award by Architectural Digest Spain and the "Wave of the Future" award by Hospitality Design USA, they have received international recognition from media focused on design, fashion, and lifestyle trends. They have worked on projects in several countries including Norway, USA, Germany, and Spain.

米纳斯·科斯米蒂斯（概念建筑事务所）
P. 24

Minas Kosmidis [Architecture in Concept] undertakes architecture and interior design projects both residential and commercial all over Greece and abroad. During the last few years, the studio has created a broad and diversified portfolio in the fields of private housing, hospitality, retail, and more importantly, in the sector of food and beverage. Using the abstraction, the neatness of lines, the clarity, the transparency, the symmetry, the flow, the balance of volumes, and the elements of nature and light as tools, they find inspiration in order to create unique projects, which combine functionality as well as superior aesthetics and originality.

黏土设计工作室
P. 222

The chief designer and founder of Nendo, Oki Sato was born in 1977 in Toronto, Canada. He established the design studio in 2002. Its activity in the design world has not been limited to any one area but is

rather multifarious, spanning from graphic and product design to designing furniture, installations, windows, and interiors, and even reaching into the realm of architecture. Oki Sato was chosen was chosen by *Newsweek* magazine as one of "The 100 Most Respected Japanese" and won many "Designer of the Year" awards including from *Wallpaper** magazine and *Elle Décor* magazine.

逾矩建筑工作室
P. 184

Normless Studio is where architectural design meets customized construction. Based in Thessaloniki, a team of architects and creative constructors undertake the design of any small- or large-scale project that is completely tailored to the needs and requirements of each user. From visionary architecture to detailed design pieces, the purpose of their work is to create a unique aesthetic that is both bespoke and functional.

官方设计事务所
P. 52

OFFICIAL is an architecture, interiors, and furniture design studio based in Dallas, Texas. The team have been designing professionally since 1998 and started working together in 2005, winning and placing in several architectural design competitions. OFFICIAL's furniture design and fabrication shop utilizes a combination of handcraft and digital construction techniques. Furniture projects are primarily developed as short-run, limited-edition pieces.

"聚会／空间／设计" 咨询公司
P. 204

party / space / design or p / s / d is a cross-disciplinary design consultancy based in Bangkok, gathering a small group of cross-functional designers to seek new design solutions. p / s / d services range from interior, exhibition, product, graphic, and branding to corporate identity, specializing in experiential design of restaurant and retail interiors.

图书在版编目(CIP)数据

咖啡馆 + / (希)斯泰利奥斯·考伊斯(Stelios Kois)编; 崔巍
译. —桂林: 广西师范大学出版社, 2018.1
ISBN 978 - 7 - 5598 - 0022 - 0

Ⅰ.①咖… Ⅱ.①斯… ②崔… Ⅲ.①咖啡馆-室内装饰设
计 Ⅳ.①TU247.3

中国版本图书馆 CIP 数据核字(2017)第 281600 号

出品人:刘广汉
责任编辑:肖 莉
助理编辑:刘欣桐
版式设计:张 晴
广西师范大学出版社出版发行
(广西桂林市五里店路 9 号   邮政编码:541004)
(网址:http://www.bbtpress.com)
出版人:张艺兵
全国新华书店经销
销售热线: 021 - 65200318   021 - 31260822 - 898
恒美印务(广州)有限公司印刷
(广州市南沙区环市大道南路 334 号   邮政编码:511458)
开本:635mm×965mm   1/8
印张:31   字数:40 千字
2018 年 1 月第 1 版   2018 年 1 月第 1 次印刷
定价:256.00 元